Wissenschaftliche Reihe Fahrzeugtechnik Universität Stuttgart

Reihe herausgegeben von

Michael Bargende, Stuttgart, Deutschland

Hans-Christian Reuss, Stuttgart, Deutschland

Jochen Wiedemann, Stuttgart, Deutschland

Das Institut für Fahrzeugtechnik Stuttgart (IFS) an der Universität Stuttgart erforscht, entwickelt, appliziert und erprobt, in enger Zusammenarbeit mit der Industrie, Elemente bzw. Technologien aus dem Bereich moderner Fahrzeugkonzepte. Das Institut gliedert sich in die drei Bereiche Kraftfahrwesen, Fahrzeugantriebe und Kraftfahrzeug-Mechatronik. Aufgabe dieser Bereiche ist die Ausarbeitung des Themengebietes im Prüfstandsbetrieb, in Theorie und Simulation. Schwerpunkte des Kraftfahrwesens sind hierbei die Aerodynamik, Akustik (NVH), Fahrdynamik und Fahrermodellierung, Leichtbau, Sicherheit, Kraftübertragung sowie Energie und Thermomanagement – auch in Verbindung mit hybriden und batterieelektrischen Fahrzeugkonzepten. Der Bereich Fahrzeugantriebe widmet sich den Themen Brennverfahrensentwicklung einschließlich Regelungs- und Steuerungskonzeptionen bei zugleich minimierten Emissionen, komplexe Abgasnachbehandlung, Aufladesysteme und -strategien, Hybridsysteme und Betriebsstrategien sowie mechanisch-akustischen Fragestellungen. Themen der Kraftfahrzeug-Mechatronik sind die Antriebsstrangregelung/ Hybride, Elektromobilität, Bordnetz und Energiemanagement, Funktions- und Softwareentwicklung sowie Test und Diagnose. Die Erfüllung dieser Aufgaben wird prüfstandsseitig neben vielem anderen unterstützt durch 19 Motorenprüfstände, zwei Rollenprüfstände, einen 1:1-Fahrsimulator, einen Antriebsstrangprüfstand, einen Thermowindkanal sowie einen 1:1-Aeroakustikwindkanal. Die wissenschaftliche Reihe „Fahrzeugtechnik Universität Stuttgart" präsentiert über die am Institut entstandenen Promotionen die hervorragenden Arbeitsergebnisse der Forschungstätigkeiten am IFS.

Reihe herausgegeben von
Prof. Dr.-Ing. Michael Bargende
Lehrstuhl Fahrzeugantriebe
Institut für Fahrzeugtechnik Stuttgart
Universität Stuttgart
Stuttgart, Deutschland

Prof. Dr.-Ing. Jochen Wiedemann
Lehrstuhl Kraftfahrwesen
Institut für Fahrzeugtechnik Stuttgart
Universität Stuttgart
Stuttgart, Deutschland

Prof. Dr.-Ing. Hans-Christian Reuss
Lehrstuhl Kraftfahrzeugmechatronik
Institut für Fahrzeugtechnik Stuttgart
Universität Stuttgart
Stuttgart, Deutschland

Filiz Lindner Akkaya

Ganzheitliche Erprobungsmethodik für elektrifizierte Fahrzeugantriebe im Produktentstehungsprozess

Filiz Lindner Akkaya
IFS, Fakultät 7, Lehrstuhl für
Kraftfahrzeugmechatronik
Universität Stuttgart
Stuttgart, Deutschland

Zugl.: Dissertation Universität Stuttgart, 2024
D93

ISSN 2567-0042   ISSN 2567-0352   (electronic)
Wissenschaftliche Reihe Fahrzeugtechnik Universität Stuttgart
ISBN 978-3-658-46898-9   ISBN 978-3-658-46899-6   (eBook)
https://doi.org/10.1007/978-3-658-46899-6

Die Deutsche Nationalbibliothek verzeichnet diese Publikation in der Deutschen Nationalbibliografie; detaillierte bibliografische Daten sind im Internet über https://portal.dnb.de abrufbar.

Planung/Lektorat: Friederike Lierheimer
Springer Vieweg ist ein Imprint der eingetragenen Gesellschaft Springer Fachmedien Wiesbaden GmbH und ist ein Teil von Springer Nature.
Die Anschrift der Gesellschaft ist: Abraham-Lincoln-Str. 46, 65189 Wiesbaden, Germany

Vorwort und Danksagung

Die vorliegende Arbeit entstand im Rahmen meiner Tätigkeit als akademische Mitarbeiterin am Forschungsinstitut für Kraftfahrwesen und Fahrzeugmotoren Stuttgart (FKFS) in Kooperation mit der Dr. Ing. h.c. F. Porsche AG und meiner darauffolgenden dortigen Tätigkeit.

Mein besonderer Dank gilt hierbei Herrn Prof. Dr.-Ing. Hans-Christian Reuss für die wissenschaftliche Betreuung meiner Arbeit. Weiterhin möchte ich Herrn Prof. Dr.-Ing. Bernd Bertsche für die Anfertigung des Mitberichts danken.

Ich bedanke mich darüber hinaus bei meinen Kollegen der Dr. Ing. h.c. F. Porsche AG Weissach, die mich stets in meinem nebenberuflichen Promotionsvorhaben unterstützt haben und mit ihren wertvollen und hilfreichen Diskussionen die Gestaltung dieser Arbeit gefördert haben. Insbesondere Herrn Dr. Wolfgang Klos und Herrn Gregor Haffke.

Der außerordentlichste Dank gilt meiner Familie, die mich nicht nur während der Promotion, sondern auch stets darüber hinaus unterstützen.

Frau Filiz Lindner (geb. Akkaya)

- CHANGE -

"In any given moment we have two options:
to step forward into growth or step back into safety."

Abraham Maslow

Inhaltsverzeichnis

Abbildungsverzeichnis

Tabellenverzeichnis

Abkürzungsverzeichnis

AC	*alternate current (Wechselspannung)*
AKV-Matrix	*Aufgaben-Kompetenz-Verantwortungs Matrix*
ASMS	*Antriebssystemmeilenstein*
ATF-pump	*automatic transmission fluid pump (Getriebeölpumpe)*
BMCe	*battery management control extern (Batteriesteuergerät)*
CCS	*combined charging system*
DC	*direct current (Gleichspannung)*
DME	*digitale Motorelektronik*
EGS	*elektrischer Getriebe Stellmotor (Steuergerät)*
EKK	*elektrischer Klimakompressor*
FEP	*Fahrzeugentwicklungsprozess*
HV-BMS	*Hochvolt-Batteriemanagementsystem*
LE	*Leistungselektronik*
OBC	*on-board charger*
OE	*Organisationseinheit*
OEM	*original equipment manufacturers*
OS	*Null-Serie*
OTEC	*one test expert for the customer*
PEP	*Produktentstehungsprozess*
PHEV	*plug-in-hybrid electric vehicle*
PSM	*permanenterregte Synchronmaschine*
PVS	*Produktionsvorbereitungsserie*
PWR	*Pulswechselrichter*
SOC	*state of charge* (Ladezustand)
SOP	*start of production (Produktionsbeginn)*
TME	*Thermomanagement Steuergerät*
VFF	*Vorserien-Freigabe-Fahrzeug*
VKM	*Verbrennungskraftmaschine*
VZÄ	*Vollzeitäquivalent*

Zusammenfassung

Elektrische Fahrzeugantriebe stellen im Gegensatz zu konventionellen Fahrzeugantrieben durch ihre veränderte Topologie und ihr verändertes Funktionsprinzip neue Herausforderungen an die Antriebsstrangerprobung und Prüftechnik dar. Die gestiegene Vernetzung und Komplexität erfordert zudem, dass bisherige Subsystemfokussierungen in der Erprobung nun auf das Gesamtsystem des Antriebsverbundes auszurichten sind. Dies führt dazu, dass seitherige Erprobungsstrategien geprüft und angepasst werden müssen. In der vorliegenden Arbeit wird zum einen eine Methode vorgestellt, um eine ganzheitliche und integrative Erprobungsstrategie für elektrifizierte Fahrzeugantriebsstränge zu generieren. Dieses umfassende Erprobungs-framework mit seinem top down Ansatz schließt neben einer Nomenklatur und Erprobungsdatenbank zudem die Reifegradbewertung, den Einfluss der Aufbauorganisationen sowie das Mindset und die Kultur der mitwirkenden Entwicklungs- und Prüffeldbereiche mit ein. Des Weiteren wird eine erarbeitete Methodik der Antriebssystemprüfung (ASP 1.0 und ASP 2.0) eingeführt und evaluiert, welche den Antriebsstrang im Verbund noch vor dem Einsatz in der jeweiligen Fahrzeugentwicklungscharge erprobt, wodurch maßgeblich das Frontloading in der Antriebsentwicklung und die linkslastige Antriebsstrangerprobung realisiert wird. Die Methodik beinhaltet dabei überdies ein Phasenmodell zur Gewährleistung der Prozessstruktur und -qualität der Erprobung während der sieben Erprobungsphasen und zudem ein OTEC-Zusammenarbeitsmodell („one test expert for the customer") zur effektiven interdisziplinären Teamarbeit des kollaborierenden Erprobungsteams. Die im Rahmen dieser Forschungsarbeit erarbeiteten Modelle und Methoden erreichten nachweislich das Ziel, die Antriebsstrangentwicklung hinsichtlich der Entwicklungszeit, den Entwicklungskosten und des Produktreifegrades zu verbessern. Sie wurden hierbei zielführend in den Entwicklungsprozess von Fahrzeugantriebssträngen der Dr. Ing. h.c. F. Porsche AG integriert und etabliert.

Abstract

The electrification of vehicle powertrains represents a significant technological shift, particularly evident in the vehicle powertrain. This results in a high variety of variants, which impacts development complexity and testing volume. Furthermore, the software content and the number of interconnected functions are increasing massively. Additionally, the number of new vehicle developments is rising, leading to expertise in new technology fields. New market participants are also driving innovation pressure and the reduction of development times. The validating branch of the V-model in the product development process is therefore of great importance, as it significantly influences the time, cost, and quality aspects of vehicle development and is under pressure to significantly reduce development times and costs without compromising the quality of vehicle products.

In the field of powertrain development, years of experience in testing conventional vehicle powertrains have been built up and acquired. However, electrification is changing not only the topology and functional scope but also the usage behavior of the vehicle powertrain. Despite the increased complexity of the powertrain, it must still be tested and validated for its functionality and durability. It is no longer possible to test all interconnected functions under the required boundary conditions in prototype vehicles. This leads to new challenges for testing and requires adjustments to the previously used testing strategy for vehicle powertrains, which to date has been strongly subsystem-oriented and sequential, predominantly using vehicle prototypes as testing tools.

This dissertation addresses the central research question: Can a holistic and integrative testing strategy improve powertrain development (for electrified vehicle powertrains) in terms of development time (reduction of test bench and vehicle commissioning times), development costs (saving development time, reduction of vehicle prototypes or purely physical tests) and development maturity level (increase of the powertrain as a whole system)?

A focus of this work is on developing a method and framework to create a holistic and integrative testing strategy for powertrain testing. For this purpose, a basic nomenclature for a common understanding of terms is first introduced and explained. Subsequently, the developed 5W model following a top-down approach and multi-dimensional V-model are presented. These enabled the generation of a holistic and integrative testing strategy for powertrain development. The model is applied to an exemplary purely electric vehicle powertrain topology. The resulting testing strategy is represented both in the form of a database with 576 tests and through graphical visualizations as a testing map, explained, and interpreted. The transparency created within the vehicle project regarding the testing needs and tools at the powertrain system level led to the identification of more integrative tests with alternative testing tools and optimized testing timings. This testing framework thus demonstrably offers the potential to promote a significantly more front-loaded powertrain development, to make the increased complexity of powertrain testing more manageable, and to increase the use of alternative hybrid testing tools in their current potential.

Additionally, a method for evaluating the maturity level of the vehicle powertrain is developed and implemented for all vehicle projects at Porsche AG. This includes a milestone assessment of powertrain system milestones, resulting in a maturity level evaluation and monitoring with transparent reporting at the powertrain system level.

Furthermore, the dissertation explains additional crucial and influencing factors for realizing and establishing a holistic and integrative testing strategy for powertrain development. These factors include both the organizational structure of the testing field and the culture and mindset of all participants in the development and testing areas. The organizational structure of testing fields is described using two specially developed principles: the manufactory principle and the production line principle. In the practical implementation of these principles at Porsche AG within the framework of this study, it was shown that the manufactory principle promotes the realization and introduction of a holistic and integrative testing strategy.

Since the establishment of integrative tests from the holistic strategy initially represents a change, concepts are defined and successfully introduced and implemented in practice, based on the five success factors of change from the Lippit-Knoster model.

The current state analysis of the testing strategy clearly shows that comprehensive testing activities are carried out at the subsystem level for each respective system, but the powertrain is predominantly only brought together in vehicle prototypes. This highlighted the testing gap in powertrain development. Therefore, another essential focus of this study is the establishment and introduction of a newly developed test element: the Powertrain System Test (PST 1.0).

The Powertrain System Test (PST 1.0) methodology tests the interaction of all powertrain subsystems for a vehicle batch as a whole system (initial commissioning) on a low-load powertrain test bench before deployment in the respective vehicle batch. This contributes significantly to increasing maturity levels and frontloading powertrain development. The PST 1.0 methodology has been successfully applied to both purely electric and hybrid vehicle powertrain topologies.

In addition to the systematic approach to test timing, number of tests, and test contents, the methodology also includes financial planning and budgeting, Clarification of responsibilities, Ensuring compatibility of hardware and software components of the powertrain. The Powertrain System Test has been successfully integrated into the powertrain system milestones and is now applied in every vehicle project.

As part of the PST 1.0 methodology, both a phase model and a collaboration model were developed and implemented in practice at Porsche AG. The phase model systematizes the necessary actions between the testing field and development areas for implementing the powertrain system test on powertrain test benches. These actions occur before, during, and after testing in seven testing phases, ensuring a process structure and quality in implementation.

For interdisciplinary collaboration between the testing field and powertrain development areas, the OTEC model ("one test expert for the customer") was developed for PST 1.0 and introduced in practice. In this model, the testing field and development areas work together in a tandem of tool experts and test object experts. This approach results in short coordination paths with clear contact persons, promotion of cohesion as a team concept within the testing team and Increased efficiency in collaboration.

After successful implementation, the PST 1.0 methodology was expanded to the PST 2.0 methodology. In this advanced version, a highly dynamic all-wheel powertrain test bench is continuously occupied as a "virtual vehicle" in parallel with the vehicle batches during the product development process. The enhanced capabilities of this testing tool allow for

significantly more application-oriented activities, an even greater maturity level increase for the powertrain system as a whole system before vehicle deployment. This expansion of the methodology demonstrates the continuous improvement and adaptation of the testing strategy to meet the evolving needs of powertrain development, particularly for electrified vehicles.

Both the methodology of PST 1.0 and the advanced stage PST 2.0 are qualitatively and quantitatively evaluated in several vehicle projects at Porsche AG. The qualitative evaluation is conducted through an expert survey with 44 users, who rate frontloading, maturity level increase, and reduction of commissioning times as significant, among other factors. The quantitative evaluation is based on the analysis of test bench and vehicle commissioning times, maturity level assessments, and exemplary applied activities such as racetrack time optimization. The test bench commissioning times are reduced by 71% and the vehicle commissioning times by 53% - 66%, which leads to a reduction in development costs. The maturity level of the powertrain system as a whole system is increased by 10% to 39% for the corresponding vehicle batches. In the applied activity of racetrack time optimization, frontloading and left-shifted powertrain development on the highly dynamic powertrain test bench are demonstrated through measurement comparisons between simulation, test bench runs, and vehicle runs. Thus, both PST 1.0 and PST 2.0 contribute significantly to improving powertrain development and strengthening and expanding holistic and integrative testing at the powertrain level.

The models and methods developed in this research work have all been successfully integrated into Porsche AG's product development process and applied in several vehicle projects. They are therefore purposefully anchored in the development process of vehicle powertrains and continue to be successfully used for all subsequent vehicle projects.

The central research question formulated at the beginning is answered affirmatively and promisingly positively by the investigations and results of the present work, as it will improve powertrain development in terms of development time, development costs, and product maturity level.

Building on this research, further investigations should be conducted regarding the central testing database. In combination with AI that has been developed and is now available, this can be expanded into a central source of development knowledge. Research should be conducted on how this can be supported by software and partially automated. The database should be expanded to include purely virtual testing methods for powertrain development in order to leverage further synergies with hybrid and purely physical testing methods.

The method for a holistic and integrative testing strategy offers the potential not only to present a recommendation for action and approach but to be expanded into an active project management tool in powertrain development. For this purpose, it is sensible to research an evaluation method for the potential risk of non-fulfillment of strategy contents, for example, based on risk priority numbers from production control processes.

In addition to considering technical tools and methods, the human factor must also be further considered and continuously developed. The change and use of novel and integrative testing methods still require a constant change in the previous mindset of development engineers, especially for application developers in powertrain development. It is of utmost importance that the mindset and corporate culture are further developed regarding a flexible and alternative way of working, thereby supporting an integrative testing approach.

Scientific Novelty Value

This scientific work contributes to the current state of research by presenting new methods and approaches for powertrain testing. It addresses a previously under-researched topic and expands existing knowledge through innovative approaches and evaluations. The results of this work offer practice-relevant insights and impulses for more intensive future research projects. Through its novelty and relevance, the work significantly contributes to the further development of the field of powertrain development. In particular, the following elements with scientific novelty value are to be highlighted:

- Focus on testing the powertrain as a whole system and not its individual subsystems before the powertrain is used in the prototype vehicle (top-down approach).

- Holistic approach: consideration of the main areas of influence for realizing integrative tests (as a change) such as mindset & culture, collaboration models, phase models, organizational structures, budgeting of tests. Crucial for realistic and long-term implementation and application in all subsequent vehicle projects and firm establishment in the product development process of powertrain development.

- Test landscape map in comprehensive representation (both as a centralized knowledge database with dependencies and in graphical visualization). Concept of the multi-dimensional V-model.

- Systematic conceptualization and establishment of the powertrain system test methodology (PST 1.0 and 2.0) and long-term anchoring in the product development process (PDP) of powertrain development. The application and implementation are relevant for approval in the PDP.

- Comprehensive systemic conceptualization of the powertrain system test: In addition to the test contents and test timings, budgeting, the collaboration model (OTEC model), reporting, and sustainable anchoring in approval-relevant powertrain milestones were also considered.

- Evaluation of the methodology (including all other methods and models) across several vehicle projects of the Porsche AG. This represents an evaluation over several years and various vehicle projects with different vehicle powertrain topologies.

1 Einleitung

Die Fahrzeugentwicklung befindet sich in einem außerordentlichen Wandel und unterliegt hierbei diversen Veränderungseinflüssen (siehe **Abbildung 1**).

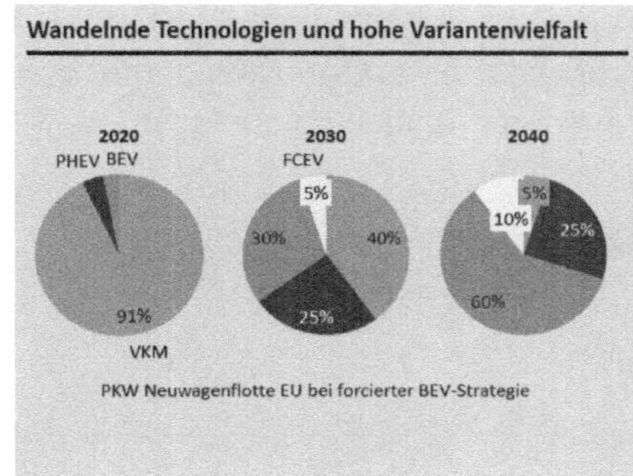

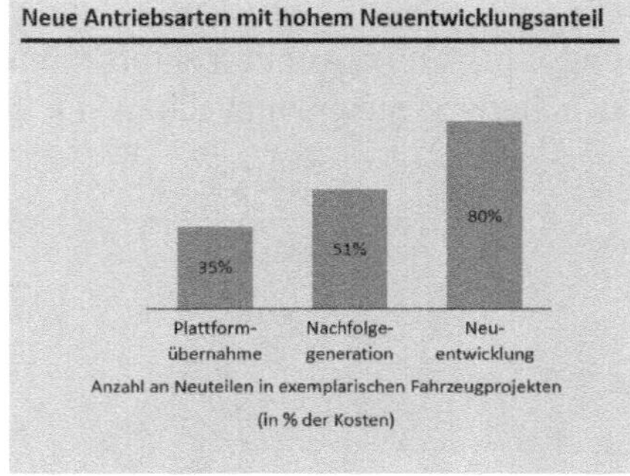

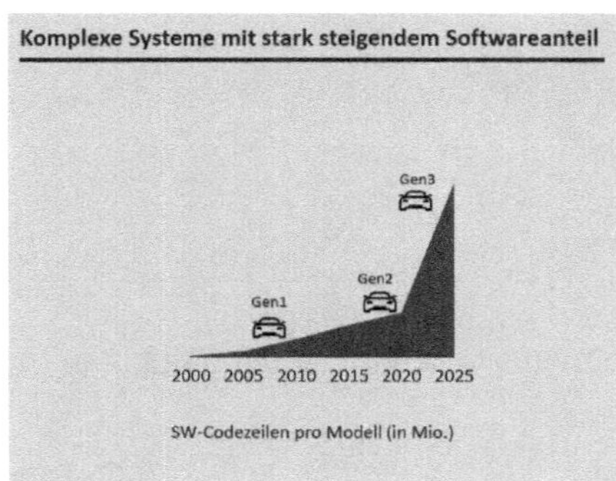

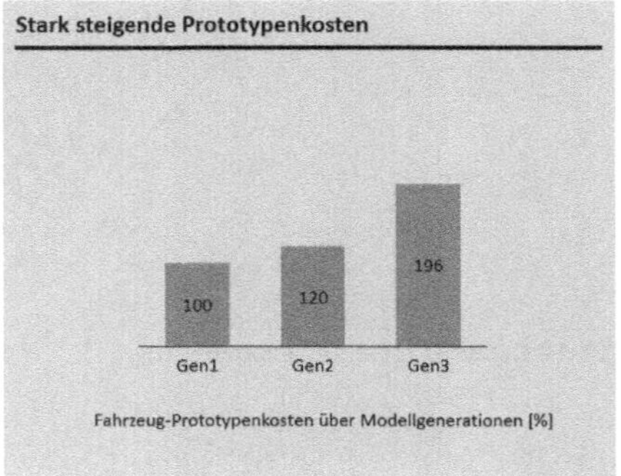

Abbildung 1: Veränderungseinflüsse der Fahrzeugentwicklung am Beispiel der Porsche AG [1]

Die Elektrifizierung der Fahrzeugantriebe stellt einen starken Technologiewandel dar, welcher sich vor allem hinsichtlich des Fahrzeug-antriebsstranges zeigt. Dies resultiert in einer hohen Variantenvielfalt, welche Auswirkungen auf die Entwicklungskomplexität und das Erprobungsvolumen hat. Darüber hinaus steigt der Softwareanteil und die Menge an vernetzen Funktionen massiv an. Zudem erhöht sich die Anzahl an Fahrzeugneuentwicklungen, was zu

© Der/die Autor(en), exklusiv lizenziert an
Springer Fachmedien Wiesbaden GmbH, ein Teil von Springer Nature 2025
F. Lindner Akkaya, *Ganzheitliche Erprobungsmethodik für elektrifizierte Fahrzeugantriebe im Produktentstehungsprozess*, Wissenschaftliche Reihe Fahrzeugtechnik Universität Stuttgart,
https://doi.org/10.1007/978-3-658-46899-6_1

Fachkenntnissen in neuen Technologiefeldern führt. Zusätzlich treiben neue Marktteilnehmer den Innovationsdruck und die Reduzierung der Entwicklungszeiten voran. Dem validierenden Ast des V-Modells im Produktentstehungsprozess kommt daher eine große Bedeutung zu, da dieser maßgeblich die Zeit-, Kosten- und Qualitätsumfänge der Fahrzeugentwicklung beeinflusst und im Spannungsfeld steht die Entwicklungszeiten und -kosten deutlich zu reduzieren ohne Qualitätseinbußen der Fahrzeugprodukte zu erzeugen. [2, 3]

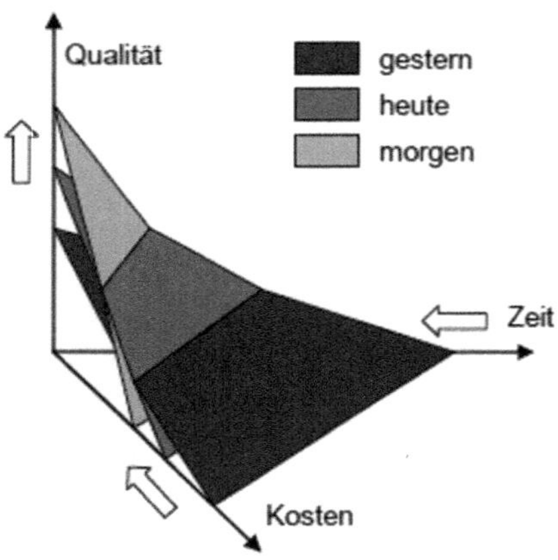

Abbildung 2: Spannungsfeld der Erprobungen der Fahrzeugentwicklung [4]

Im Bereich der Antriebsstrangentwicklung konnte langjähriges Erfahrungswissen zum Erproben von konventionellen Fahrzeug-antriebssträngen aufgebaut und erlangt werden. Durch die Elektrifizierung verändert sich jedoch nicht nur die Topologie und der Funktionsumfang, sondern auch das Nutzungsverhalten des Fahrzeugantriebstranges. Trotz der gestiegenen Komplexität des Antriebstranges muss dieser hinsichtlich seiner Funktionalität und Dauerhaltbarkeit erprobt und validiert werden. Hierbei ist es nicht mehr möglich, alle vernetzten Funktionen unter den erforderlichen Randbedingungen im Prototypenfahrzeug zu testen. Dies führt zu neuen Herausforderungen für die Erprobung und erfordert Anpassungen der bisher verwendeten Erprobungsstrategie für Fahrzeugantriebsstränge, welche bis dato stark subsystemorientiert und sequenziell geprägt sind und überwiegend Fahrzeugprototypen als Erprobungswerkzeug nutzen. [2, 5–7]

1.1 Zielsetzung und Struktur

Die vorliegende Forschungsarbeit widmet sich folgender zentraler Forschungsfrage:

> Kann durch eine ganzheitliche und integrative Erprobungsstrategie die Antriebsentwicklung (für elektrifizierte Fahrzeugantriebsstränge) hinsichtlich
>
> - der Entwicklungszeit,
>   (Reduzierung der Prüfstands- und Fahrzeuginbetriebnahmezeiten)
>
> - der Entwicklungskosten
>   (Einsparungen der Entwicklungszeit, Reduzierung der
>   Fahrzeugprototypen bzw. rein physischen Erprobungen)
>
> - und des Entwicklungsreifegrades
>   (Erhöhung des Reifegrades des Antriebsstranges im Verbund)
>
> verbessert werden?

Hierzu ist die Forschungsarbeit in fünf Kapitel gegliedert, die in **Abbildung 3** dargestellt sind und folgend kurz beschrieben werden. Nach der Einleitung in Kapitel 1 werden in Kapitel 2 die Grundlagen zu den betrachteten Fahrzeugantriebsstrangtopologien beschrieben. Anschließend erfolgt die Einführung in den Produktentstehungsprozess der Fahrzeugentwicklung und das V-Modell als etabliertes Verfahrensmodell. Abschließend wird die Basis zu Erprobungsmethoden und -werkzeugen der Antriebsstrangentwicklung beschrieben. Kapitel 3 umfasst einen Schwerpunkt der Forschungsarbeit: Es wird eine Methode für die Generierung einer ganzheitlichen und integrativen Erprobungsstrategie für die Antriebsstrangerprobung erarbeitet. Hierbei wird zunächst eine Nomenklatur für ein einheitliches Begriffsverständnis in diesem sehr breiten Fachgebiet eingeführt und beschrieben, um Doppeldeutigkeiten auszuschließen. Im Weiteren wird das 5W-Modell erläutert, anhand dessen eine Eprobungstrategie für einen rein elektrischen Fahrzeugantriebsstrang als Erprobungslandkarte, sowohl in einem Datenbankformat als auch in einer grafischen Visualisierung, erstellt wird. Zudem erfolgt eine Einführung einer Reifegradbewertungsmethode für den Antriebsstrang, sowie die Betrachtung weiterer beeinflussender Faktoren zur Realisierung einer Erprobungsstrategie, wie die Aufbauorganisation von Prüffeldern und das Mindset und die Kultur aller mitwirkenden Entwicklungs- und Prüfeldbereiche. Ein weiterer Schwerpunkt der vorliegenden Forschungsarbeit wird in Kapitel 4 durch die Einführung der Methodik der Antriebssystemprüfung (ASP 1.0 und ASP 2.0) gelegt. Diese umfasst zudem ein Phasenmodell für die Prozessqualität der Erprobung und ein OTEC-Zusammenarbeitsmodell zur interdisziplinären Teamarbeit. Die Evaluierung dessen erfolgt qualitativ und quantitativ im Praxiseinsatz. Im abschließenden Kapitel 5 werden die Schlussfolgerungen der Ergebnisse der vorliegenden Forschungsarbeit zusammengefasst und ein Ausblick auf mögliche weiterführende Forschungsfelder gegeben, die an die vorliegende Arbeit anknüpfen könnten.

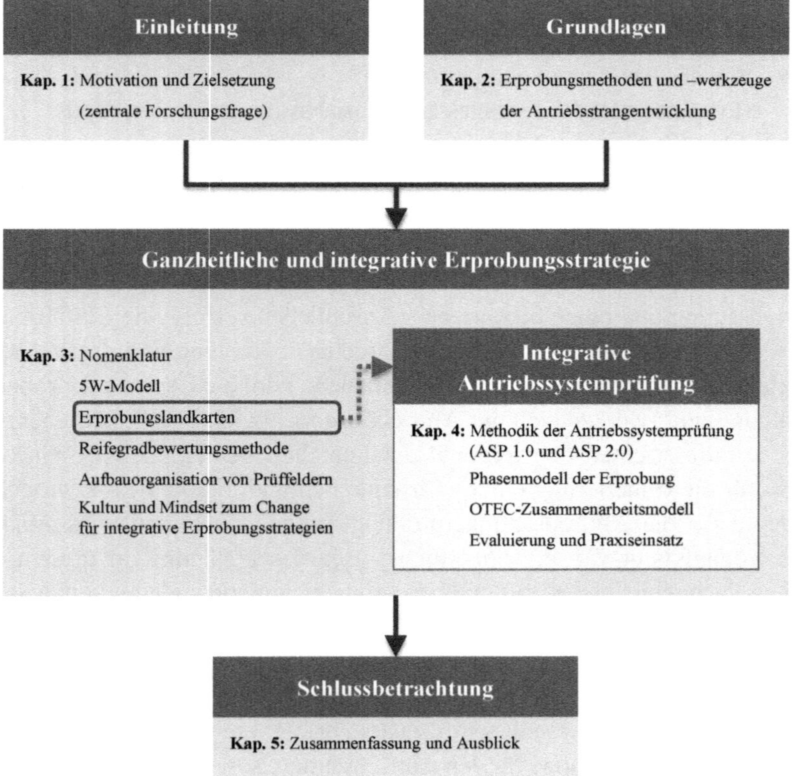

Abbildung 3: Aufbau und Struktur der vorliegenden Forschungsarbeit

2 Grundlagen

In diesem Kapitel werden die erforderlichen und relevanten Grundlagen zum Verständnis der vorliegenden Arbeit gelegt. Hierbei werden in Kapitel 2.1 die betrachteten Fahrzeugantriebsstrangtolologien in ihrem Aufbau und ihrer Funktion erläutert. Kapitel 2.2 gibt einen Einblick in den Produktentstehungsprozess der heutigen Kraftfahrzeugentwicklung, da die ganzheitliche Erprobungsstrategie sich entlang dieser orientiert. Kapitel 2.3 führt in heutige Erprobungsmethoden und -werkzeuge ein, welche Einfluss auf die entwickelte Strategie genommen haben.

2.1 Antriebstopologien von Kraftfahrzeugen

Die Auswahl und Festlegung der Antriebstopologie eines Fahrzeugantriebsstranges ist ein komplexer Entscheidungsprozess in der Fahrzeugentwicklung, dessen Ausrichtung von einer Vielzahl variabler Aspekte abhängt. Hierzu zählen beispielsweise der spezifische Fahrzeugtyp, die spezifischen Anforderungen an die Leistungscharakteristika, die notwendige Reichweite, die Verteilung des Gesamtgewichts, die gewünschte Fahrzeugdynamik sowie individuelle Präferenzen im Bezug auf das ästhetische Design (siehe **Abbildung 4**). Für die Topologie gibt es eine beliebig große Anzahl an möglichen Anordnungen und Kombinationen der Antriebskomponenten. Jede Antriebstopologie hat sowohl Vorzüge und etwaige Limitationen. Um eine optimale Fahrerfahrung zu gewährleisten, streben Fahrzeughersteller dahingehend nach einer Kombination von Eigenschaften, welche die Synergie der diversen Faktoren auf ideale Weise für ihr Fahrzeugprodukt vereinen. Für die vorliegende Arbeit sind zwei wesentliche Antriebssstrangtopologien relevant, welche folgend näher erläutert werden. [8]

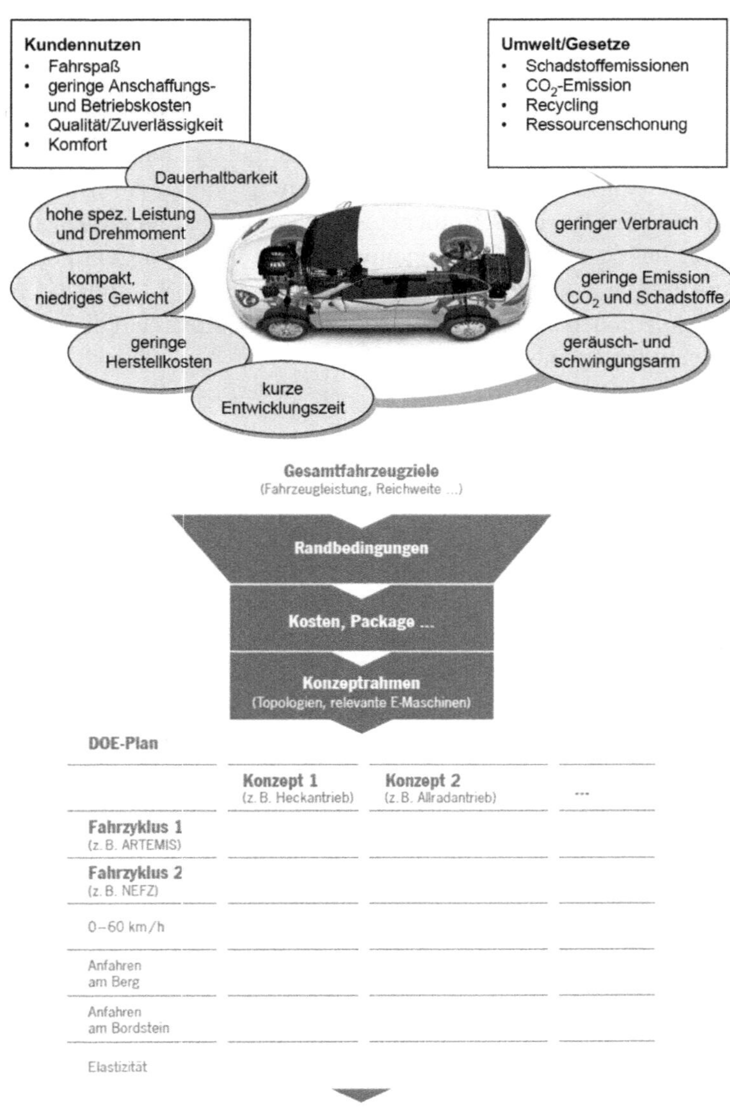

Abbildung 4: Einblick in den Auslegungsprozess für die Antriebsstrangtopologie [4, 8]

2.1.1 Hybrider Fahrzeugantriebsstrang

Als beispielhafte hybride Fahrzeugantriebsstrangtopologie wird im Folgenden ein Allradantrieb mit zwei mechanisch voneinander entkoppelten Antriebsachsen anhand des Porsche 918 Spyder [9] beschrieben. Bei der Topologie handelt es sich um ein PHEV (plug-in-hybrid electric vehicle) mit einem parallelen Hybridsystem (siehe **Abbildung 5**).

Abbildung 5: Aufbau einer beispielhaften hybriden Fahrzeugantriebsstrangtopologie am Beispiel des Porsche 918 Spyder [10]

Die wesentlichen Subsysteme, Komponenten und Funktionen dieses hybriden Fahrzeugantriebsstranges werden in den folgenden Kapiteln beschrieben.

2.1.1.1 *Verbrennungskraftmaschine*

Bei der Verbrennungskraftmaschine (VKM) handelt es sich um einen V8-Motor mit 4,6l Zylindervolumen, der als Rennsportmotor auf hohe Leistungen, Drehmomente und Drehzahlen bei gleichzeitig geringem Gewicht ausgelegt ist (siehe **Abbildung 6**). Im Ölkreislauf kommen vier Einzelpumpen bei einer Trockensumpfschmierung zum Einsatz. Die Kurbelwelle ist mit einer 180 Grad Kröpfung ausgelegt, welche hohe Drehzahlen ermöglicht. Nachteilig sind dabei die erhöhten Schwingungsanregungen der VKM, welche durch den Einsatz eines Viscodämpfers am Flansch der Kurbelwelle gedämpft werden.

Am anderen Ende der Kurbelwelle befindet sich das Schwungrad mit dem ge-
frästen Zahnkranz zur Drehzahlbestimmung und der Torsionsschwingungsdämpfer. Für geringe Massenkräfte sind die Pleul aus Titan gefertigt und die
Kolben aus Aluminium geschmiedet. Der Antrieb der Nockenwellen erfolgt
über eine Einfachhülsenkette mit hybdraulischer Spanneinrichtung. Der
Brennraum und Zylinderkopf sind für hohe Verdichtungsverhältnisse kompakt
gehalten, mit einem Ventilwinkel von 25 Grad und einem zentral positionier-
ten Kraftstoffinjektor. Neben den einzeln verstellbaren Nocken für die Ventile
besitzt die Nockenwelle zusätzliche Nocken für den mechanischen Antrieb der
beiden Kraftstoffhochpumpen (je Zylinderbank eine) für die Direkteinsprit-
zung. Es gibt zwei Drosselklappen und zwei Klopfsensoren pro Zylinderbank.
Bei der Verbrennungsluftführung wurde das Konzept HSI – Heiße Seite Innen
umgesetzt. Das bedeutet, dass die VKM die Verbrennungsluft von außen an-
saugt, in die Brennräume führt und anschließend die Abgase durch die Abgaskrümmer zu den Katalysatoren und Endschalldämpfern auslässt, wobei die
Abgaskrümmer zwischen den Zylinderköpfen liegen.

Abbildung 6: Einblick in den V8 Verbrennungsmotor des hybriden Fahrzeugantriebsstranges [10]

Die hohen Temperaturen der Abgasanlage können dabei nach oben hin entweichen ohne viel Wärme an den Motor abzugeben und diesen aufzuheizen. Die Abgasendrohre liegen oberhalb der Motorabdeckung und werden als „top pipes" bezeichnet. Klassische Nebenaggregate wie beispielsweise Generator, Klimakompressor oder elektrischer Anlasser sind bei diesem hybriden Fahrzeugantriebskonzept an der VKM nicht mehr notwendig und vorhanden. Der Verbrennungsmotor wird über die digitale Motorelektronik (DME-Steuergerät) gesteuert. Zudem wird darüber auch das Hybridmodul gesteuert. [11]

2.1.1.2 Getriebe

■ Nichtschaltbares Vorderachsgetriebe

Die Vorderachse hat ein einstufiges nichtschaltbares Getriebe (siehe **Abbildung 7**) mit einem Differentialgetriebe. Die integrierte Trennkupplung im Differentialgetriebe wird von einem elektromagnetischen Aktuator betätigt und über das DME-Steuergerät angesteuert. Das Getriebegehäuse ist an den Mitteltemperatur-Kühlkreislauf des Fahrzeuges angebunden, wobei das Kühlmittel über einen Ringkanal im Getriebegehäuse geleitet wird. [11]

Abbildung 7: Einbauposition des Vorderachsgetriebes [10]

■ Schaltbares Hinterachsgetriebe

Das 7-Gang Doppelkupplungsgetriebe (siehe **Abbildung 8**) ist auf sehr schnelle Gangwechsel (kleiner 50 Millisekunden) ohne Zugkraftunterbrechung ausgelegt. Eine Spritzölschmierung der Zahnradsätze wird den hohen mechanischen und thermischen Belastungen der Zahnräder gerecht. Die Ölpumpe saugt hierbei das Öl aus der Ölwanne über einen Filter an und leitet es über den Ölkühler an die einzelnen Lagerstellen und Zahnräder weiter. Die Doppelkupplung besitzt einen eigenen Ölkreislauf mit eigener Ölpumpe. Um das Fahrzeug gegen Wegrollen nach dem Abstellen zu sichern, besitzt das Doppelkupplungsgetriebe sowohl eine elektronische als auch eine mechanische Parksperre, welche über ein eigenes Steuergerät angesteuert wird. Zudem ist eine elektronisch geregelte Hinterachs-Quersperre integriert. Je nach Fahrmodus (siehe **Abbildung 10**) passt sich das Doppelkupplungsgetriebe mit einem entsprechenden Schaltkennfeld bzw. einer Schaltstrategie an. Das Doppelkupplungsgetriebe wird über ein eigenes Getriebesteuergerät gesteuert. [11]

Abbildung 8: Aufbau des 7-Gang Doppelkupplungsgetriebes [10]

Das Hybridmodul ist zwischen der Verbrennungskraftmaschine und dem Doppelkupplungsgetriebe positioniert und umfasst die Elektromaschine der Hinterachse, eine Einscheiben-Trockentrennkupplung und einen Torsionsschwingungsdämpfer in einem Aluminiumgehäuse. Sowohl das Hybridmodul als auch das Doppelkupplungsgetriebe sind tief im Fahrzeug (teils unterhalb des Radmittelpunktes) um einen geringen Fahrzeuggesamtschwerpunkt zu erreichen und damit eine Rennsportwagen typische Fahrperformance zu realisieren. [11]

2.1.1.3 Elektrische Maschinen

■ Elektromaschine der Vorderachse

Die permament erregte Synchronmaschine (PSM) der Vorderachse ist achsparallel zum Getriebe ausgerichtet. Der Rotor ist als Innenläufer ausgeführt. D.h. um das Magnetfeld des Läufers zu erzeugen sind Permanentmagnete außen am Läufer aufgebracht und die Statorwicklungen umfassen den Läufer. Ab einer Fahrzeuggeschwindigkeit von 235 km/h verhindert eine integrierte Trennkupplung im Differentialgetriebe, dass die Elektromaschine ihre Höchstdrehzahl von 14.000 1/min nicht überschreitet. Die Trennkupplung wird über das DME-Steuergerät angesteuert. Die elektrische Vorderachse wird überwiegend für den rein elektromotorischen und den Ladebetrieb der Hochvoltbatterie genutzt. Die Elektromaschine der Vorderachse besitzt einen Kühlmantel im Gehäuse und ist zusammen mit dem Getriebe an den Mitteltemperatur-Kühlkreislauf des Fahrzeuges angeschlossen. [11]

■ Elektromaschine der Hinterachse

Die permament erregte Synchronmaschine (PSM) der Hinterachse ist zwischen dem Verbrennungsmotor und dem Doppelkupplungsgetriebe angeordnet und arbeitet als Parallel-Hybrid. Dabei handelt es sich um einen Außenläufer. D.h. die Statorwicklungen liegen innerhalb des Läufers (Rotor). Um das Läufermagnetfeld zu erzeugen, sind die Permanentmagnete innen am Läufer positioniert. Die Kühlung der Elektromaschine der Hinterachse erfolgt sowohl luft- als auch wassergekühlt. Die Kühlluftkanäle sind radial über der Statorwicklung angeordnet. Im Statorträger ist der Kühlwassermantel positioniert, welcher über den Mitteltemperatur-Kühlkreislauf des Fahrzeuges mit Kühlwasser versorgt wird. [11]

2.1.1.4   Leistungselektroniken

Beide Elektromaschinen besitzen jeweils eine Leistungselektronik (LE). Die Softwarestände und Applikationen differenzieren sich zwischen der Vorder-achs- und Hinterachsleistungselektronik aufgrund der unterschiedlichen Ein-satzbedingungen und Fahrmodi. Beide Leistungselektroniken beinhalten einen Pulswechselrichter (PWR) und einen DC/DC Wandler. Um die Elektroma-schine anzusteuern, übernimmt die Leistungselektronik als Wechselrichter die Transformation der Gleichspannung der Hochvoltbatterie in dreiphasige Wechselspannung. Während der Rekuperation beim Bremsen fungiert sie als Gleichrichter, indem die dreiphasige Wechselspannung in Gleichspannung zum Laden der Hochvoltbatterie transformiert wird. Zudem versorgt die Leis-tungselektronik der Vorderachse die 12V Fahrzeugbatterie mit entsprechender Ladespannung. Die Kühlung der Leistungselektronik erfolgt über den Mittel-temperatur-Kühlkreislauf des Fahrzeuges. [11]

2.1.1.5   Hochvoltbatterie

Die Hochvoltbatterie ist eine Lithium-Ionen Batterie mit einem chemischen Energieinhalt von 6,8 kWh und einer Nennspannung von 400 Volt. Sie ist aus 18 in Reihe geschalteten Zellmodulen aufgebaut (siehe **Abbildung 9**). Die Zellmodule sind zu Zellblöcken zusammengefasst, die wiederum aus Einzel-zellen bestehen. Insgesamt 312 Einzelzellen sind in der Hochvoltbatterie und in einem Leichtbaugehäuse mit einer kohlenstofffaserverstärkten Kunststoff-bodenplatte enthalten.

Das Steuergerät Hochvolt-Batteriemanagementsystem (HV-BMS) steuert und überwacht die Hochvoltbatterie. Es werden beispielsweise die Zelltemperatu-ren und -spannungen, der Ladezustand, die Isolationssicherheit, der Strom-fluss und der Fehlerspeicher überwacht, als auch die HV-Schütze und Lade-/ Entladezustände gesteuert und die Alterungsberechnung der Hochvoltbatterie durchgeführt. [9]

Abbildung 9: Aufbau der Hochvoltbatterie [10]

Die Kühlung erfolgt über die Einbindung in den Niedertemperatur-Kühlmittelkreislauf. Dabei muss die Betriebstemperatur um die 30 Grad Celsius eingehalten werden, um eine ausreichende Leistungsfähigkeit und Lebensdauer zu bieten. Der „Wasser-/Kältemittel-Wäremetauscher" kann mit dem AC-Kältemittelkreislauf die Temperatur des Niedertemperatur-Kreislaufes zusätzlich stark reduzieren. [11]

2.1.1.6   Weitere Hochvoltkomponenten

Weitere Hochvoltkomponenten des hybriden Antriebsstranges sind:

- **Ladeanschluss:** Das Laden der Hochvoltbatterie erfolgt über einen dreiphasigen Typ-2-Stecker. Das HV-BMS steuert dabei ein „Balancing", d.h. einen Spannungsausgleich der Batteriezellen, sodass Spannungsdifferenzen zwischen den Zellen ausgeglichen werden, sodass alle Zellen einen gleichmäßigen Ladezustand haben. Dies wirkt sich positiv auf die Batterielebensdauer aus. Die Ladezeit wird dabei von mehreren Faktoren beeinflusst:

  a)   genutztes Lade-Equipment (Ladesäule, Ladekabel)

  b)   Leistung des Netzanschlusses und Schwankungen der Netzspannung

  c)   Umgebungstemperatur

  d)   Temperatur und Ladezustand der Hochvoltbatterie

- **HV Ladegerät (On-Board Charger OBC / Boardlader):** Das 3,3 kW Ladegerät ermöglicht das direkte Laden der Hochvoltbatterie über den Ladeanschluss, indem es die Wechselspannung (AC) der Ladeinfrastruktur in Gleichspannung (DC) umwandelt. Die Ansteuerung zum Laden erfolgt über das Hochvolt-Batteriemanagementsystem (HV-BMS). Der OBC ist in den Niedertemperatur-Kühlkreislauf der Hochvoltbatterie für eine bedarfsgerechte Kühlung integriert. [9]

- **HV Klimakompressor:** Der elektrische Hochvolt-Klimakompressor kühlt das Kältemittel im AC Kältemittelkreislauf und wird über ein eigenes Steuergerät angesteuert.

2.1.1.7　Thermomanagement und Kühlkreisläufe

Eine effiziente Kühlung aller Antriebsstrangkomponenten ist bei allen Fahrzuständen notwendig und wird über das DME gesteuert. Hierfür gibt es vier separate Kühlkreisläufe mit unterschiedlichen Temperaturbereichen. [9]

- Niedertemperaturkreislauf (30 bis 35 Grad Celsius)

  Dieser dient hauptsächlich zur thermischen Regulierung der Hochvoltbatterie, um eine optimale Leistung und Lebensdauer bei stets 30 Grad Celsius zu erreichen. Zudem befindet sich in diesem Kühlmittelkreislauf der Onboard-Charger, die elektrische Wasserpumpe und der Chiller (Kühlwasser/AC-Kältemittel-Wärmetauscher).

- Mitteltemperaturkreislauf (60 bis 70 Grad Celsius)

  Dieser Kühlmittelkreislauf kühlt die beiden Elektromaschinen, die Leistungselektroniken und das Vorderachsgetriebe und -differenzial.

- Hochtemperaturkreislauf (85 bis 95 Grad Celsius)

  Sowohl der Verbrennungsmotor als auch das Doppelkupplungsgetriebe sind in diesem Kreislauf mit drei Luftwärmetauschern und zwei Plattenwärmetauschern integriert.

- Hochtemperaturkreislauf (85 bis 95 Grad Celsius)

Sowohl der Verbrennungsmotor als auch das Doppelkupplungsgetriebe sind in diesem Kreislauf mit drei Luftwärmetauschern und zwei Plattenwärmetauschern integriert. Der Verbrennungsmotor hat zusätzlich noch seinen eigenen Motoröltemperaturkreislauf mit einer Kühlmitteltemperatur von 95 bis 105 Grad Celsius.

2.1.1.8 *Netzwerktopologie (Beispielhafte Steuergerätestruktur)*

Die relevanten Antriebsstrangsteuergeräte in der Netzwerktopologie bzw. dem Steuergeräteverbund sind auf einem CAN-Datenbuss angeordnet, welcher über ein Gateway mit weiteren Fahrzeugsteuergeräten kommuniziert. Die wesentlichen Steuergeräte für den hybriden Fahrzeugantriebsstrang sind hierbei [11]:

- **DME:** Beinhaltet u.a. die Regelung des Verbrennungsmotors, den Hybridmanager zur Überwachung der Sicherheit des Hochvoltsystems, die Steuerung der Fahrzeugkühlkreisläufe, die Steuerung der Trennkupplungen und der Fahrmodi als auch den Allradantrieb des Fahrzeugantriebsstranges. Dies alles erfolgt über eine separate Software im DME ohne eigenes Steuergerät. Darin sind komplexe Strategien zur Momentenverteilung der drei Antriebsquellen enthalten. Über die variable Radmomentenverteilung zwischen der Vorder- und der Hinterachse ist es so möglich in allen Fahrzuständen eine optimale Traktion zu erreichen.

- **Steuergerät des Doppelkupplungsgetriebes**

- **HV-BMS** (siehe Kapitel 2.1.1.5)

- **Leistungselektronik Vorderachse und Leistungselektronik Hinterachse** (siehe Kapitel 2.1.1.4)

- **OBC** (siehe Kapitel 2.1.1.6)

- **EKK**

2.1.1.9   *Fahrmodi für den hybriden Fahrzeugantriebsstrang*

Die drei unterschiedlichen Antriebsquellen (Elektromaschine der Vorderachse, Verbrennungskraftmaschine und die Elektromaschine der Hinterachse) können manuell wählbar in verschiedenen Fahrmodi kombiniert und eingesetzt werden (siehe **Abbildung 10**) [9]:

- **E-Power Modus:** Dies ist der Standard „Fahrmodus", wenn die Öltemperatur größer 0 Grad Celsius und der Ladezustand „state of charge" (SOC) der Hochvoltbatterie mind. 10% aufweist. Hierbei treiben die Elektromaschinen der Vorderachse und der Hinterachse das Fahrzeug in einem reinen elektrischen Fahrbetrieb an. Das Doppelkupplungsgetriebe ist mit Schaltkennfeld auf den rein elektromotorischen Fahrbetrieb abgestimmt. Der Verbrennungsmotor wird nur bei dem Übertreten eines definierten Druckpunktes am Fahrpedal dazugeschaltet. In diesem Betriebsmodus ist das Segeln bis 150 km/h möglich.

- **Hybrid Modus:** In diesem Fahrmodus werden alle drei Antriebe im Mischbetrieb eingesetzt. Das Ziel ist ein maxial verbrauchsoptimierter Einsatz aller Antriebsquellen. Das Doppelkupplungsgetriebe ist mit seinem Schaltkennfeld ebenfalls auf einen möglichst niedrigen Verbrauch optimiert, beispielsweise durch ein geringes Drehzahlniveau. Sowohl die Segel-Funktion als auch die Start-Stopp-Funktion sind aktiv.

- **Sport-Hybrid Modus:** In diesem Fahrmodus steht die Sportlichkeit im Fokus, wodurch der Verbrennungsmotor permanent in Betrieb ist und die Segel-Funktion deaktiviert ist. Die Elektromaschine an der Vorderachse ist stets im Einsatz und die Elektromaschine an der Hinterachse liefert ebenfalls zusätzliches Drehmoment für den Vortrieb. Das Schaltkennfeld des Doppelkupplungsgetriebes ist dynamisch in einem mittleren Drehzahlniveau und schnellen Schaltzeiten von weniger als 80 Millisekunden.

- **Race-Hybrid Modus:** Alle drei Antriebsquellen sind im Einsatz, wobei der Verbrennungsmotor unter hoher Last betrieben wird. Die Segel Funktion und die Start-Stopp-Funktion sind deaktiviert. Das Doppelkupplungsgetriebe schaltet hochdynamisch im hohen Drehzahlniveau mit Schaltzeiten unter 50 Millisekunden.

- **Hot Lap Modus:** In diesem Fahrmodus werden alle drei Antriebsquellen an ihren jeweiligen Leistungsgrenzen betrieben und sind parallel im Einsatz. Die Segel-Funktion und die Start-Stopp-Funktion sind deaktiviert. Das Doppelkupplungsgetriebe schaltet hochdynamisch im hohen Drehzahlniveau mit Schaltzeiten unter 50 Millisekunden.

Je nach gewähltem Fahrmodus aber auch abhängig u.a. von der Fahrzeuggeschwindigkeit und der -beschleunigung hat das Fahrzeug unterschiedliche Kraftflüsse beim Vortrieb, welche über die komplexe Betriebsstrategie der Antriebssteuergeräte gesteuert wird:

- **Rein elektrisches Fahren:** Der Antrieb erfolgt ausschließlich über die beiden Elektromaschinen an der Vorder- und Hinterachse bis zu 150 km/h.

- **Segeln:** Im Schubbetrieb (d.h. ohne Gaspedalanforderung bzw. Vortriebsanforderung) öffnen die beiden Trennkupplungen an der Vorder- und Hinterachse und werfen die Antriebsmaschinen ab, sodass hierdurch keine Schleppmomente entstehen. Der Verbrennungsmotor wird über die Start-Stopp-Funktion abgeschaltet.

- **Rekuperation:** Durch Betätigung des Bremspedals arbeiten die Elektromaschinen an der Vorder- und Hinterachse im Generatorbetrieb und laden die Hochvoltbatterie. Die Höhe der Rekuperationsleistung ist abhängig von der Geschwindigkeit, dem eigelegten Gang und dem SOC der Hochvoltbatterie und wird über das Recuperation Management im DME gesteuert

- **Verbrennungsmotorisches Fahren:** Der Antrieb erfolgt ausschließlich über die Verbrennungskraftmaschine. Die Batterieladung durch die Elektromaschinen erfolgt über eine Lastpunktanhebung während der Fahrt.

- **E-Boost:** Alle drei Antriebsquellen sind aktiv und werden hinsichtlich ihrer maximalen Leistungsfähigkeit ausgeschöpft.

	E-Power	Hybrid	Sport-Hybrid	Race-Hybrid	Hot Lap
Antriebsstrategie	elektrisch	effizient	sportlich	maximale Dauer-leistung	maximale Spitzen-leistung
Elektroantrieb					
permanent	●				
alternativ		●			
Boost			●●	●●	●●●
Verbrennungsmotor					
permanent			●●	●●●	●●●
alternativ		●			
Boost	●	●			
Variabler Druckpunkt im Gaspedal	●				●
Rekuperation	●	●	●	●	●
Laden durch Verbrennungsmotor		●	●●	●●●	●●●
Start-Stopp	●	●			
Segeln	●	●			
PDK-Schaltstrategie					
niedertourig, effizient	●	●			
hochtourig, schnell			●●	●●●	●●●
Adaptive Aerodynamik					
Effizienz	●	●	●		
Speed	●	●	●		
Performance				●	●
Licht	Eco (18W)	Eco	Eco	Race (25W)	Race

● Aktiv: ●● Verstärkt: ●●● Maximal

Abbildung 10: Fahrmodi des beispielhaften hybriden Fahrzeugantriebsstranges [9]

2.1.2 Rein elektrischer Fahrzeugantriebsstrang

Als beispielhafte rein elektrische Fahrzeugantriebsstrangtopologie wird im Folgenden ein Allradantrieb mit zwei mechanisch voneinander entkoppelten Antriebsachsen anhand des Porsche Taycan Turbo [12] beschrieben. Der Aufbau der Vorderachse ist koaxial ausgeführt, in dem die Elektromaschine, das 1-Gang-Getriebe und die Achswellen in einer Linie angeordnet sind. Bei der

Hinterachse ist die Elektromaschine und das 2-Gang-Getriebe parallel zu den Achswellen angeordnet.

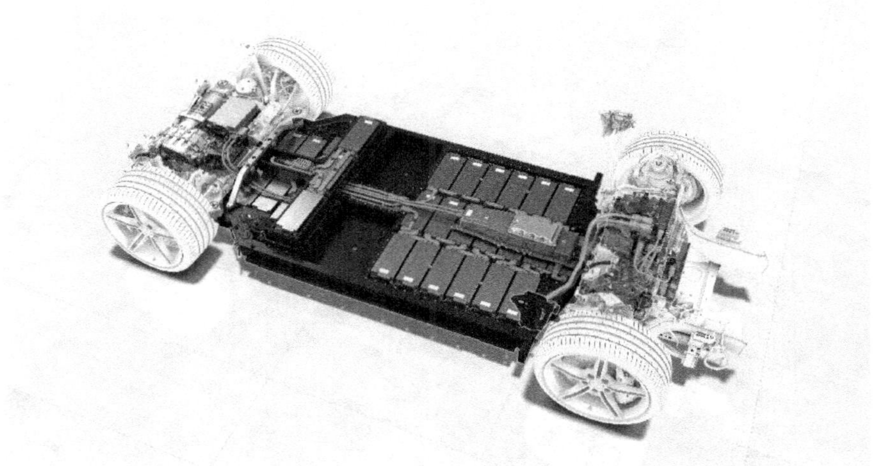

Abbildung 11: Aufbau einer beispielhaften rein elektrischen Fahrzeugantriebsstrangtopologie am Beispiel des Porsche Taycan Turbo [10]

Die wesentlichen Subsysteme, Komponenten und Funktionen dieses rein elektrischen Fahrzeugantriebsstranges werden in den folgenden Kapiteln beschrieben.

2.1.2.1 Elektrische Maschine

Sowohl an der Vorder- als auch der Hinterachse befindet sich eine permanenterregte Synchronmaschine (PSM). Diese zeichnet sich durch einen hohen Wirkungsgrad (aufgrund geringer Verlustleistungen) und eine hohe Leistungs- und Drehmomentdichte aus. Die Wicklungen des Stators enthalten Kupferdrähte mit einem quadratischen Profil, die mit der Wickeltechnologie „Hairpin Methode" aufgebaut sind. Dadurch sind ein höherer Kupferfüllfaktor und eine effizientere Kühlung realisierbar. Der Rotor enthält Neodym-Eisen-Bor Dauermagnete, welche eine sehr hohe Energierückgewinnung beziehungsweise

Rekuperationsleistung während der Rekuperation beim Bremsvorgang ermöglichen [13], [14] und [15] beschreiben beispielhaft die Funktionalität einer permanentmagneterregte Synchronmaschine.

Abbildung 12: Aufbau der permanentmagneterregte Synchronmaschine
(PSM) [10]

2.1.2.2 Pulswechselrichter

Der Pulswechselrichter, auch Inverter genannt, wandelt die Gleichspannung
der Hochvoltbatterie in eine dreiphasige Wechselspannung zum Antrieb des
Elektromotors um. Während der Rekuperation wird die Wechselspannung
wieder in Gleichspannung zum Laden der Hochvoltbatterie umgewandelt und
es werden Rekuperationsleistungen von bis zu 250 kW erreicht [13]. Der Wirkungsgrad der Leistungselektronik liegt bei 98% mit einer maximalen Strom-
stärke von 600 Ampere [12]. Die Rekuperation wird dabei über das Recuperation Management gesteuert und ist sowohl während des Bremsvorgangs als
auch im Schubbetrieb aktiv. Über die Frequenzsteuerung der

Wechselspannung wird die Drehzahl der Elektromaschine bestimmt. Der Pulswechselrichter gibt die Frequenz des Drehfeldes im Stator vor und regelt damit die Drehzahl des Rotors. [13], [16]

Abbildung 13: Pulswechselrichter (PWR) [10]

2.1.2.3 Getriebe

■ 1-Gang Vorderachsgetriebe

Die Fahrzeugvorderachse wird mit der Elektromaschine über ein 1-Gang-Getriebe angetrieben. Dabei reduzieren die Eingangsstufe und Laststufe des Planetenradsatzes die Drehzahl der Elektromaschine und erhöhen das Drehmoment bei einer Gesamtübersetzung von circa 8:1 [12]. Die Aufteilung des Antriebsmomentes auf die Vorderräder erfolgt durch das geradverzahnte Stirnrad-Differential, welches zudem Drehzahlunterschiede während Kurvenfahrten ausgleicht). [13]

■ 2-Gang Hinterachsgetriebe

Die Fahrzeughinterachse wird mit der Elektromaschine über ein automatisch schaltendes 2-Gang-Getriebe angetrieben. Dies besteht aus zwei schrägverzahnten Stirnradsätzen und einem Planetenradsatz (siehe **Abbildung 14**). Das Antriebsmoment der Elektromaschine wird über den Stirnradsatz 1 übertragen. Im 1. Gang wird das Moment mit einem Gesamtübersetzungsverhältnis von 15,56 über den Planetenradsatz und den Stirnradsatz 2 übersetzt. Dadurch ist ein hohes Antriebsmoment von rund 9000 Newtonmetern an der Hinterachse für Geschwindigkeiten bis ca. 50 km/h möglich [12]. Im 2. Gang erfolgt die Momentenübertragung mit einem geringeren Gesamtübersetzungsverhältnis von 8,16 über die beiden Stirnradsätze, da der Planetenradsatz verblockt wird. Die Gangwechsel bzw. das Blocken des Planetenradsatzes werden durch eine Membranfeder-Lamellenkupplung in Verbindung mit einer Klauenkupplung realisiert, die durch eine Schaltwalze gesteuert wird. Die Steuerung der Schaltwalze erfolgt über einen elektrischen Getriebestellmotor (EGS). Das Hinterachsdifferential hat eine mechanische Quersperre, welche elektronisch über ein eigenes Steuergerät geregelt wird. [13]

Abbildung 14: Aufbau des 2 - Gang Hinterachsgetriebes [13]

2.1.2.4   Hochvoltbatterie

Bei der Hochvoltbatterie handelt es sich um eine Lithium-Ionen Batterie mit einem chemischen Energieinhalt von 93 kWh. Sie ist aus 33 Zellmodulen aufgebaut. Jedes Zellmodul besteht aus jeweils 12 einzelnen Zellen [12]. Eingebettet in einen starken Batterierahmen und verschraubt mit einem Batteriedeckel ist sie als Flachbodenbatterie ausgelegt (siehe **Abbildung 15**). Die Zellmodule haben jeweils eine eigene Spannungs- und Temperaturüberwachung durch ein Steuergerät. Das zentrale Batteriesteuergerät (BMCe – Battery Management Control extern) befindet sich mittig auf der Hochvoltbatterie und steuert ihre Funktion, beispielsweise die Überwachung der Zellen. Das Thermomanagement (TME) der Hochvoltbatterie erfolgt mit aufgeklebten Kühlelementen außerhalb des Batteriekastens und wird über einen Kühlkreislauf mittels einer Kühlmittelpumpe gesteuert, der in den Kühlkreislauf des Gesamtfahrzeuges integriert ist (siehe **Abbildung 16**,) und über ein eigenes Steuergerät gesteuert wird. [17]

Abbildung 15: Aufbau der Hochvoltbatterie [10]

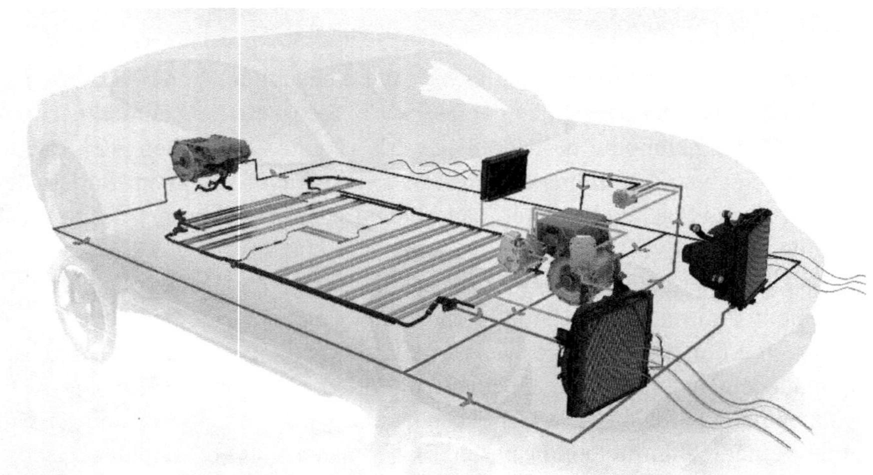

Abbildung 16: Aufbau der Kühlkreisläufe der Antriebsstrangkomponenten
[10]

2.1.2.5   *Weitere Hochvoltkomponenten*

Weitere Hochvoltkomponenten des rein elektrischen Antriebsstranges sind
[18]:

- **Ladeanschlüsse:** Das Laden der Hochvoltbatterie erfolgt über AC/DC -
  CCS Ladeanschlüsse   (combined charging system). Durch einen HV-
  Booster (Spannungswandler) ist es möglich, sowohl an 400 Volt als auch
  an 800 Volt Ladesäulen zu laden.

- **HV Ladegerät (On-Board Charger OBC / Boardlader):** Das 11 kW
  Ladegerät steuert den Ladevorgang und wandelt die Wechselspannung der
  Ladeinfrastruktur in Gleichspannung mit 800 Volt zum Laden der Hoch-
  voltbatterie um. Das OBC Steuergerät regelt den Ladevorgang.

- **HV Booster (DC/DC Spannungswandler):** Um an 400 Volt Ladesäulen
  die Ladespannung auf 800 Volt zu erhöhen, ist der HV Booster (50kW bis
  150kW) notwendig. Dieser Gleichspannungswandler kann nur Spannun-
  gen erhöhen und wird über ein eigenes Steuergerät angesteuert. Bei

Ladevorgängen an 800 Volt Ladesäulen ist die Spannungserhöhung des HV Boosters nicht notwendig.

- **HV Zusatzheizung:** Der Zusatzheizer erwärmt bei Bedarf das Kühlmittel, das zur Klimatisierung verwendet wird. Die Arbeitsspannung liegt bei 800 Volt. Falls der Ladevorgang mit Wechselspannung erfolgt, wandelt das HV Ladegerät (on-board charger) die Spannung um.

- **HV Klimakompressor:** Der Klimakompressor (EKK) dient der Klimatisierung des Fahrzeuginnenraumes und der Kühlung des Kühlmittels. Aufgrund der Arbeitsspannung von 400 Volt ist ein Hochvolt-Spannungswandler notwendig, welcher die 800 Volt der Hochvoltbatterie auf die benötigten Spannnung transformiert.

- **HV Spannungswandler:** Um andere Verbraucher im Bordnetz mit unterschiedlichen Spannungswerten zu betreiben ist ein HV Spannungswandler notwendig. Dieser reduziert die Spannung der 800V Hochvoltbatterie beispielsweise für den Klimakompressor (400V), die aktive Wankstabilisierung (48V) und weitere elektrische Verbraucher, wie das Kombiinstrument (12V).

2.1.2.6 Netzwerktopologie (Beispielhafte Steuergerätestruktur)

Die Netzwerktopologien bzw. der Steuergeräteverbund eines rein elektrischen Fahrzeugantriebsstranges unterscheidet sich zu dem konventioneller Fahrzeugantriebsstränge. Für die Steuerung der Hochvoltkomponenten sind zusätzliche Steuergeräte erforderlich. Synchronisiert werden alle Steuergeräte über ein Gateway, das unterschiedliche Kommunikationsprotokolle transformiert. [13]

Folgende Steuergeräte sind für den Fahrzeugantriebsstrang relevant und befinden sich auf dem Flexray-Kommunikationsbus:

- **Antriebssteuergerät:** Hier wird die Momentenanforderung des Fahrers in einen Vortrieb übersetzt, während last-, drehzahl- und momentabhängig beide Elektromaschinen und das Getriebe gesteuert werden, einschließlich des EGS-Steuergerätes und der Getriebeölpumpe (ATF-pump).

- **Quersperre** (siehe Kapitel 2.1.2.3)

- **Leistungselektronik Vorderachse und Leistungselektronik Hinterachse** (siehe Kapitel 2.1.2.2)

Folgende Steuergeräte sind für den Fahrzeugantriebsstrang relevant und befinden sich auf dem CAN-Kommunikationsbus:

- **DC/DC HV Spannungswandler** (siehe Kapitel 2.1.2.5)

- **DC/DC HV Booster** (siehe Kapitel 2.1.2.5)

- **BMCe** (siehe Kapitel 2.1.2.4)

- **OBC** (siehe Kapitel 2.1.2.5)

- **TME** (siehe Kapitel 2.1.2.4)

- **EKK** (siehe Kapitel 2.1.2.5)

2.1.2.7 *Fahrmodi für den rein elektrischen Fahrzeugantriebsstrang*

Die beiden Antriebsquellen (Elektromaschine der Vorderachse und Elektromaschine der Hinterachse) können manuell wählbar in verschiedenen Fahrmodi kombiniert und eingesetzt werden [13]:

Range: In diesem Fahrmodus wird der Antrieb nur über die Vorderachse gefahren oder über mit einer maximal effiziente Allradverteilung bis zu einer Höchstgeschwindigkeit von 140 km/h um eine möglichst hohe Reichweite zu ermöglichen.

Normal: Dies ist der „Standard Fahrmodus", in dem der Anrtieb über beide Antriebsachsen im Allradmodus erfolgt.

Sport und Sport-Plus: Beide Antriebsquellen stellen ihre hohen Leistungen zur Verfügung. Der Allradantrieb wechelt je nach Bedarf auf eine hecklastigere Verteilung und setzt den Fahrerwunsch über das Fahrpedal dynamisch um. Der Sport-Plus Modus ist auf maximale Leistung aller Antriebsstrangkomponenten ausgelegt.

2.2 Produktentstehungsprozess der Kraftfahrzeugentwicklung

Die idealtypische prozessuale Grundlage der Kraftfahrzeugentwicklung in der Automobilindustrie für OEMs (original equipment manufacturers) stellt der Produktentstehungsprozess (PEP) dar. Dieser beschreibt alle Phasen der Produktentwicklung als ein Vorgehens- / Phasenmodell anhand von Kernprozessen, sodass das Endprodukt termin-, qualitäts- und kostengerecht am entsprechenden Kundenmarkt eingeführt werden kann. Die Ausprägungen des PEP sind hierbei unternehmensspezifisch differenziert und können sich auf die Gesamtentwicklungsdauer (36 – 48 Monate), die Dauer der einzelnen Entwicklungsphasen und die Anzahl der Meilensteine / Quality Gates auswirken. [19, 20]

Der grundsätzliche Aufbau des PEP (siehe **Abbildung 17**) umfasst jedoch folgende Entwicklungsphasen ([19, 21, 22]):

- **Pre-PEP (Vorentwicklung)**

   Die Vorentwicklung ist der eigentlichen Fahrzeugentwicklung vorgelagert. Sie dient dazu Vorentwicklungsthemen für die Entwicklung über Machbarkeitsstudien zu prüfen und in die Konkretisierung der Produktidee mit einfließen zu lassen.

- **Produktdefinition**

   In der Produktdefinition werden Steckbriefspezifikationen des entsprechenden Fahrzeugprojektes geformt. Zudem erfolgen umfangreiche Wettbewerbs-/ und Marktanalysen zur Positionierung und Anforderungsdefinition. Geltende Normen und Gesetze der entsprechenden Märkte werden abgeleitet und berücksichtigt. Das Fahrzeugprojekt wird im Rahmen von Budget-, Ressourcen- und Terminplänen beginnend aufgeplant.

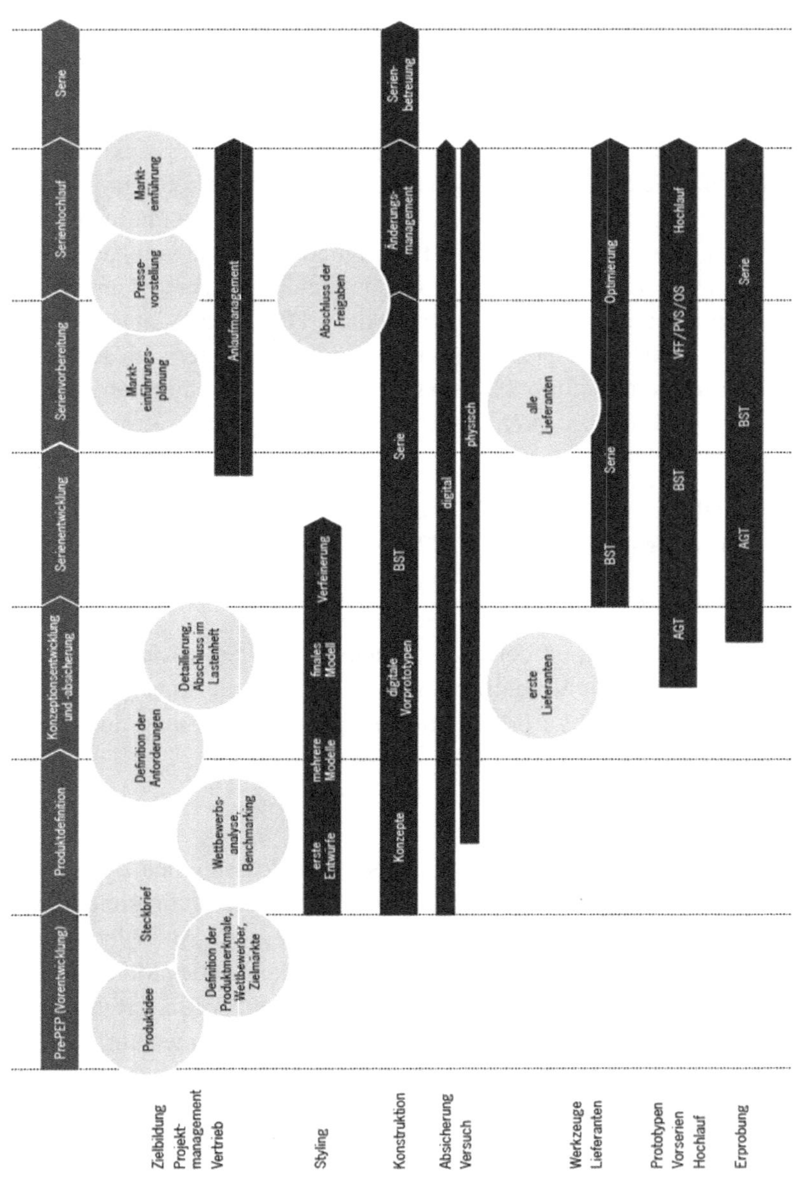

Abbildung 17: Schematischer Auszug des PEP der Porsche AG [19]

■ Konzeptabsicherung

In der Konzeptabsicherung werden über ein Rahmenheft und einen Zielkatalog die Anforderungen an das neue Fahrzeugprojekt in einem Lastenheft definiert. Das Rahmenheft beinhaltet dabei Eckdaten, wie beispielsweise die Beschreibung des Zielmarktes, den Einsatztermin, die Entwicklungskosten und den Zielverkaufspreis. Der Zielkatalog umfasst die Entwicklungsziele für die entsprechenden einzelnen Unternehmensbereiche. In dieser Phase wird das Fahrzeugdesign mithilfe von Demonstratormodellen festgelegt. Zudem beginnen die ersten Erprobungen mit A-Muster Prototypen, welche in sogenannten Aggregateträgern (Vorfahrzeugprojekten) eingesetzt werden aber auch in Form von virtuellen Auslegungen und Simulationen, Berechnungen und Komponenten-/Subsystemerprobungen.

■ Serienentwicklung

Ziel der nun folgenden Phasen ist es, dass via Lastenheft definierte Fahrzeugprojekt bis zur Marktreife zu entwickeln. Hierfür erfolgen in der Serienentwicklung sowohl Erprobungen an digitalen als auch an physischen B-Muster Prototypen, um die Fahrzeuganforderungen der Baustufe zu validieren und zu erfüllen. Die Erprobungsumfänge finden sowohl auf Prüfständen als auch im Fahrzeug statt. Hinsichtlich des Antriebsstranges erfolgen Dauerlauferprobungen wie beispielsweise der Prüfgeländedauerlauf, Hochbelastungsdauerlauf und der kundennahe Straßendauerlauf statt. Parallel erfolgt die Konstruktion der Serienfahrzeuge, sowie der Beginn des Anlaufmanagements bezüglich der Lieferanten.

■ Serienvorbereitung

In der anschließenden Serienvorbereitung werden die entsprechenden Fertigungssysteme für die Produktionsprozesse erfasst, eingerichtet und erprobt. Parallel hierzu finden C-Muster Prototypenerprobungen mit mehreren gestaffelten Fahrzeugchargen (VFF / PVS / OS) statt. Die Fahrzeugchargen dienen der Absicherung der Fertigungssysteme und der Qualität der serienwerkzeug Teile der ausgewählten Lieferanten einschließlich ihrer Montageprozesse unter realen Taktzeiten. Hierüber findet auch eine schrittweise Stabilisierung der Logistikprozesse sowohl intern als auch bei den ausgewählten Lieferanten statt. In der Serienvorbereitung erfolgen wesentliche Erprobungsfreigabenstufen der Antriebsentwicklung zum SOP. Die Null-Serie stellt hierbei alle Fahrzeuge dar, die aus serienwerkzeug Teilen unter Serienbedingungen gefertigt wurden.

◼ **Serienhochlauf**

Die eigentliche Entwicklungstätigkeit ist mit dem Erreichen des „start of production" (SOP) zu Beginn des Serienhochlaufes abgeschlossen. Es erfolgt eine Übergabe der Entwicklungstätigkeiten und -aufgaben des Entwicklungsteams an die Serienbetreuungsteams. Die Produktion beginnt mit dem Hochlauf des Fahrzeugprojektes bis zum Erreichen der Ziel-Produktionsstückzahl pro Tag (auch Kammlinie genannt).

◼ **Serie**

Diese Phase beginnt mit der Markteinführung. Die Betreuung seitens der Entwicklung liegt bei den Serienentwicklungsteams. Diese führen etwaige Schwierigkeiten in die Entwicklungsbereiche zur systemorientierten Lösung und Abstellung der Probleme zurück.

Der PEP synchronisiert alle Schnittstellen und Phasen der diversen Unternehmensbereiche (u.a. Beschaffung, Qualität, Finanzen, Vertrieb, Entwicklung, etc.) durch Meilensteine und „Quality Gates". Anhand definierter Kriterien und deren Erfüllung ist der Eintritt in die nächste Phase möglich. Der spezifische Auszug der Kernprozesse der Entwicklungsbereiche aus dem PEP wird als Fahrzeugentwicklungsprozess (FEP) bezeichnet. In diesem Rahmen ist auch die Antriebsstrangentwicklung mit ihren Subsystem-Kernprozessen und Erprobungsumfängen verortet. Die vorliegende Arbeit konzentriert sich auf die Erprobungsumfänge der Antriebsstrangentwicklung in den PEP Phasen der Konzeptabsicherung bis hin zum Ende des Serienhochlaufs (SOP).

2.2.1 Das V-Modell als Grundlage des PEP bzw. FEP

Die Grundlage des zuvor erläuterten PEPs bzw. des FEPs in der Antriebsstrangentwicklung bildet das V-Modell. Dies ist ein interdisziplinäres Vorgehens- bzw. Phasenmodell für komplexe mechatronische Systeme gemäß der VDI

Richtlinie 2206 [23] und in der Fahrzeugentwicklung umfassend beschrieben und fest etabliert. Der aufsteigende Ast des V-Modells beinhaltet dabei die Integration und Validierung des Entwicklungsproduktes und umfasst die Erprobung von der einzelnen Komponente bis hin zum Gesamtsystem (Fahrzeug). Dies erfolgt in Referenz mit dem absteigenden Ast der Anforderungsdefinition, welche in interaktiven Schleifen durchlaufen wird. [24]

2.3 Erprobungsmethoden der Antriebsstrangentwicklung

Erprobungsmethoden der Antriebsstrangentwicklung können sich sowohl auf das Erprobungsobjekt, den Erprobungszeitpunkt, den Erprobungsinhalt, das Erprobungswerkzeug und / oder den Erprobungsgrund beziehen. Der Forschungsstand führt zu allen Aspekten eine Vielzahl an Erprobungsmethoden auf. Zumeist wird sich auf einen Teilaspekt fokussiert. Eine systematische Zusammenstellung erarbeiteter Quellen zu jedem Aspekt ist im Anhang 1 – Literaturdatenbank (> 300 Quellen) zur Recherche ganzheitlicher Erprobungsstrategien für elektrifizierte Fahrzeugantriebsstränge aufgeführt. Beispielhaft werden dennoch einige Erprobungsmethoden aufgeführt: Karthaus legt in [25] und [26] die applikativen Erprobungsmöglichkeiten auf Antriebsstrangprüfständen der Daimler AG dar. Nickel stellt in [27] die Möglichkeit heraus, Antriebsstrangkomponenten an unterschiedlichen Standorten miteinander in der Erprobung zu vernetzen. Kistner et al. und Fietkau geben in [1] und [28] einen Einblick in die durchgängige Einbindung von Simulationsmodellen in der Antriebsstrangentwicklung.

Für die vorliegende Arbeit sind Erprobungsmethoden, welche sich auf das Antriebssystem als Verbund fokussieren und alle aufgeführten Aspekte betrachten, maßgeblich. Hierzu führte Bock [29] eine umfassende Recherche durch. Diese unterstreicht, dass bestehende Strategien und Modelle wie beispielsweise Ott [30–34], List [35, 36] , Uhlenbrock [37] und Düser [38–41] lediglich einen oder mehrere Teilaspekte aber nicht alle Aspekte der Antriebsstrangerprobung fokussieren. Eine umfangreiche Erprobungsstrategie, vor allem hinsichtlich elektrifizierter Fahrzeugantriebsstränge, liegt in detaillierter Form nicht vor. Bock führt dies unter anderem auf die Tatsache zurück, dass somit spezifisches unternehmerisches Knowhow geschützt wird.

2.4 Erprobungswerkzeuge der Antriebsstrangentwicklung

Zur Realisierung und Umsetzung von Erprobungen in der Antriebsentwicklung liegt ein umfangreicher Werkzeugkasten an Erprobungswerkzeugen vor. Dieser umfasst sowohl rein virtuelle, hybride als auch physische Erprobungswerkzeuge. **Abbildung 35** (siehe Seite 65) stellt einen Auszug der Erprobungswerkzeuge der Antriebsstrangentwicklung anhand des aufsteigenden Astes des V-Modells dar. Paulweber [42] gibt einen breiten Einblick in den grundlegenden Aufbau und die Funktionsweisen dieser Erprobungswerkzeuge und ihrer zugehörigen Messtechnik.

2.4.1 Rein virtuelle Erprobungswerkzeuge

Bei rein virtuellen Erprobungswerkzeugen sind keinerlei physische Komponenten des Erprobungsobjektes und der Umgebung vorhanden. Das Portfolio erstreckt sich hierbei über Model-in-the-loop und Software-in-the-loop hin zu diversen Simulationsmodellen einzelner digitaler Komponenten, Subsysteme oder Fahrzeugprototypen (digitalen Prototypen). Hierbei hat über die letzten Jahre die erforderliche Simulationsgüte für die Antriebsstrangsimulation sukzessiv zugenommen und die Rechenzeiten haben sich signifikant reduziert. Beispielsweise wird die Antriebsentwicklung im PEP derzeit mit einem digitalen Prototypenzwilling begleitet. Auch die dAS (digitalen Antriebssysteme) sind derweil feste virtuelle Erprobungswerkzeuge im PEP der Porsche AG. Ihre Bedeutung hinsichtlich von Freigaben für komplexe Systeme noch vor dem Einsatz von hybriden oder physischen Erprobungswerkzeugen steigt stetig. [1, 28, 43–45]

2.4.2 Hybride Erprobungswerkzeuge

Als hybride Erprobungswerkzeuge wird die breite Werkzeugauswahl zwischen rein virtuellen und rein physischen Erprobungswerkzeugen bezeichnet (x - in the loop). Hierzu zählen beispielsweise HiL-Systeme, Komponenten-/ Subsystem-/ oder Antriebsstrangprüfstände diverser Ausprägungen, Road-to-Rig Prüfstände (siehe Wipfler [46] und Ott [31]) bzw. FIT Prüfstände, Rollenprüfstände oder gekoppelte Fahrsimulatoren mit Antriebsstrangprüfständen (siehe Schmidt [47]). Hierbei sind sowohl das Erprobungsobjekt (Fahrzeug) als auch die Umgebungsbedingungen (Fahrer und Strecke) teils nicht vollständig bzw. real / physisch vorhanden und werden simulativ ersetzt. Einen Einblick in solche, teils sehr multifunktionale, Werkzeuge für rein elektrische Fahrzeugantriebsstränge bietet beispielsweise das neue Elektroantriebslabor des FKFS [48]. Oder Moiszi [49] mit der Beschreibung eines Power-HiLs für die Erprobung auf Einzelkomponentenebene eines Pulswechselrichters. Oder Klimakammer-Antriebsstrangprüfstände in [30, 33]. Ein entscheidender Faktor zur Einsatzfähigkeit der hybriden Erprobungswerkzeuge spielt dabei u.a. die Echtzeitfähigkeit und Qualität der Simulationsmodelle. **Abbildung 18** zeigt beispielhaft einen Allradantriebsstrang der Porsche AG mit integrierter Ladesäulentechnik zur Erprobung von rein elektrischen Fahrzeugantriebssträngen mit vollständigem Hochvoltverbund.

Abbildung 18: Niederlast-Allradprüfstand mit vollständigem Hochvoltverbund mit einem rein elektrischen Fahrzeugantriebsstrang [50]

2.4.3   Rein physische Erprobungswerkzeuge

Rein physische Erprobungswerkzeuge umfassen das reale Erprobungsobjekt (Fahrzeug) mit realen Umgebungsbedingungen (Fahrer und Strecke). Beispielsweise zählen hierzu Fahrzeugerprobungen auf Fahrzeugtestgeländen wie Ehra oder Nardo oder im realen Straßenverkehr.

3 Ganzheitliche und integrative Strategie zum Erproben von Fahrzeugantrieben

Erprobungen in der Antriebsentwicklung mit und an Prüfeinrichtungen induzieren zunächst Entwicklungskosten. Ihr erhöhter Einsatz beinhaltet jedoch das Potential, die linkslastige Entwicklung und das Frontloading zu fördern und die Produktreife zu steigern. **Abbildung 5** zeigt anhand eines beispielhaften rein elektrischen Fahrzeugprojektes auf, wie hoch diese Erprobungskosten gegenüber den Kosten sind, welche durch eine Verschiebung des SOP (start of production) um einen Monat und somit einer Markteinführung entstehen.

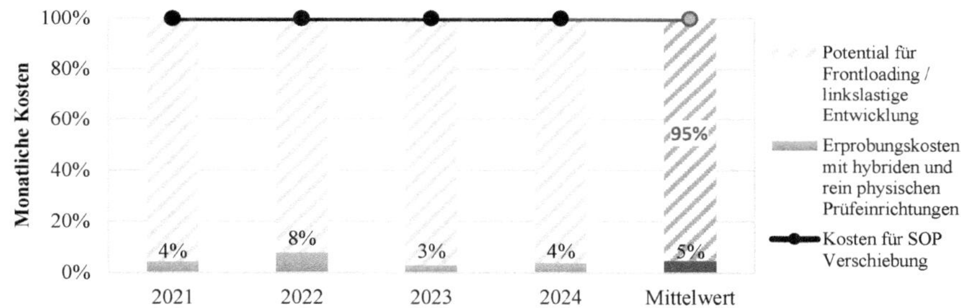

Abbildung 19: Verhältnis zwischen Erprobungskosten und Kosten einer SOP-Verschiebung eines Fahrzeugprojektes mit einem rein elektrischen Fahrzeugantriebsstrang

Hierbei lag der Anteil der Erprobungskosten im ersten Entwicklungsjahr bei einem monatlichen Durchschnitt von 4%, im zweiten bei 8%, im dritten bei 3% und im vierten bei 4% gegenüber den monatlich induzierten Kosten durch eine SOP-Verschiebung. Im Projektdurchschnitt umfassten alle monatlichen Erprobungskosten nur lediglich ca. 5% gegenüber den Kosten einer SOP-Verschiebung um einen Monat. Diese beinhalten alle Erprobungsaufwendungen an hybriden und rein physischen Prüfeinrichtungen wie beispielsweise

Klimawindkanälen, Klimakammern, Schallmesszellen, Antriebs- und Komponentenprüfständen, HiL-Racks, Rollenprüfständen, Fahrzeughydropulsern, etc. Daraus folgt, dass 95 Prozent der finanziellen Ressourcen zur Flexibilität für eine linkslastige und integrative Erprobungsstrategie und Frontloading als Teilpotential geschöpft werden könnten, um Verzögerungen zur Markteinführung zu verhindern.

Im Folgenden wird eine Methode vorgestellt, um eine ganzheitliche und integrative Erprobungsstrategie für die Antriebsstrangerprobung in Form einer Erprobungslandkarte zu erstellen. Dieses Erprobungsframework bietet das Potential eine deutlich linkslastigere Antriebsstrangentwicklung zu fördern, die gestiegene Komplexität der Antriebsstrangerprobung beherrschbarer zu gestalten und alternative hybride Erprobungswerkzeuge in ihrem heutigen Einsatzpotential verstärkt einzusetzen.

3.1 Nomenklatur

Zur Formulierung und Etablierung einer ganzheitlichen Erprobungsstrategie ist ein konsistentes Begriffsverständis als Basis erforderlich. Da die Antriebsstrangentwicklung ein sehr breites Fachgebiet umfasst führt dies dazu, dass Begriffe je nach fachlichem Schwerpunkt mit einer sehr unterschiedlichen Bedeutung verwendet werden und somit kein einheitliches Begriffsverständnis herrscht. Dies machen Schenk [51], Schyr [52] und Düser [40] ebenfalls deutlich. Aus diesem Grund wird im Rahmen dieser Arbeit eine Nomenklatur für ein einheitliches Begriffsverständnis eingeführt und beschrieben. Ein Auszug relevanter Begriffe wird folgend aufgeführt und in **Abbildung 20** visuell dargestellt. Diese basieren teilweise auf Akkaya [53].

- **Antriebsstrang:** Kombination von Subsystemen, welche die Leistung für den Antrieb generieren und bis an den Radflansch übertragen. Es gilt: Antriebsstrang = Antrieb(e) + Triebstrang. Demnach werden Antriebsstrang und Triebstrang nicht als Synonyme verwendet.

- **Antrieb(e):** Subsystem(e) des Antriebsstrangs, die zu der Drehmomenterzeugung erforderlich sind, wie beispielsweise eine Elektromaschine einschließlich ihrer Leistungselektronik.

- **Triebstrang:** Subsysteme, die zu der Drehmoment- und / oder Drehzahl-Übertragung und / oder Wandlung bis zum Radflansch dienen.

- **Subsystem:** Ein Subsystem ist ein in sich funktionsfähiges System. Dieses kann sich wiederum aus Komponenten zusammensetzen, beispielweise das Hauptgetriebe einschl. seines Getriebesteuergerätes und der -steuergerätesoftware.

- **Komponente:** Komponenten sind mechanische oder mechatronische Bauteile. Sie tragen ihren Teil zur Gesamtfunktion des Subsystems bei. Komponenten in einem rein elektrischen Fahrzeugantriebsstrang sind beispielsweise die Antriebsstrangsteuergerätehardware (ECUs), die Antriebsstrangsteuergerätesoftware oder Antriebswellen.

- **Hochvoltsystem:** Das Hochvoltsystem umfasst die Komponenten Hochvoltbatterie, Batteriesteuergerät, Ladeanschlüsse, HV-Ladegerät (OBC), HV-Klimakompressor und zugehörige Steuergeräte, HV-Booster, HV-Zusatzheizer und HV-Boardspannungswandler.

- **Systemebenen:** Zur Beschreibung ganzheitlicher Erprobungsstrategien werden vier Systemebenen (kombiniert mit dem V-Modell) etabliert, in welche die jeweiligen Erprobungsobjekte (Hard- und Softwareumfänge) hinsichtlich der Erprobung kategorisiert werden können.

  a) 1. Ebene: Fahrzeugebene

  b) 2. Ebene: Antriebsstrangebene

  c) 3. Ebene: Subsystemebene

  d) 4. Ebene: Komponentenebene

- **Erprobung:** Erprobungen sind validierende Prüfumfänge an rein virtuellen, hybriden oder rein physischen Anwendungen im PEP der Fahrzeugantriebsstrangentwicklung, um Eigenschaften und Funktionalitäten zu erproben und sicherzustellen.

■ **Test / Prüfprogramm:** Konkretisierung der Erprobung durch Anwendbarkeit an einem Erprobungswerkzeug, beispielsweise ein Laststufenprogramm zur Umsetzung an einem Komponentenprüfstand bei einer Getriebeerprobung oder eine Testfahranweisung für einen Fahrversuch im Prototypenfahrzeug.

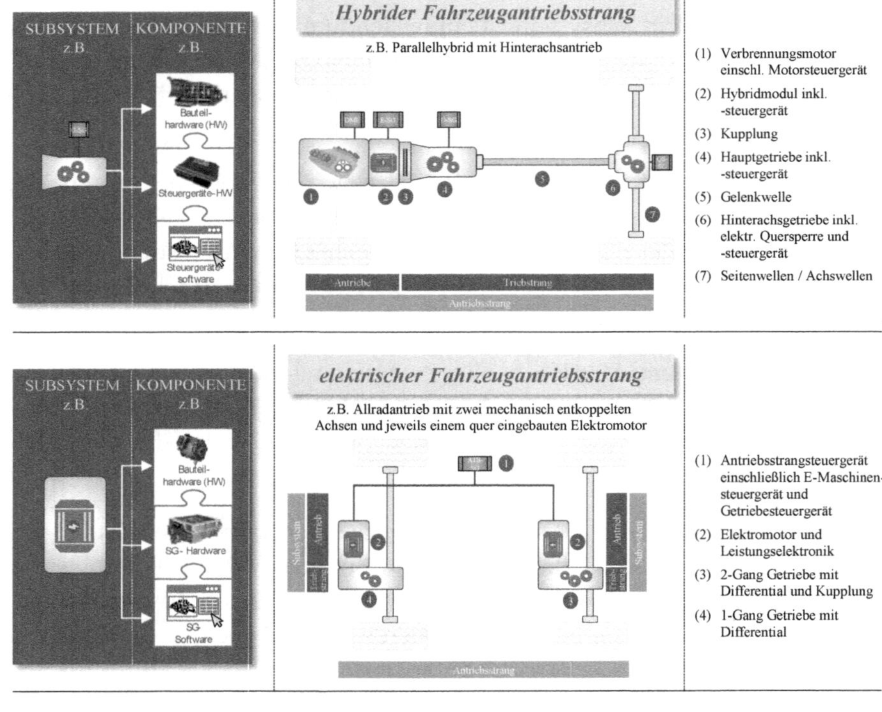

Abbildung 20: Nomenklatur für Antriebsstrangtopologien hybrider und rein elektrischer Fahrzeugantriebe [53]

3.2 Das 5W-Modell

Die ganzheitliche Erprobungsstrategie für Fahrzeugantriebe (siehe **Abbildung 22**) ist eine Handlungsempfehlung als Framework, welche dazu dient nach ihrer Durchführung einen validierten Fahrzeugantriebsstrang sicherzustellen. Wie in Akkaya [53] veröffentlicht, wird sie in Form einer Erprobungslandkarte beschrieben. Die Strategie ist dann ganzheitlich, wenn nicht die Entwicklung einzelner Subsysteme, sondern der Fahrzeugantrieb im Verbund, d.h. der Fahrzeugantriebsstrang im Fokus steht. Dies ist ein „top down" - Ansatz und kein „bottom up" – Konzept, wie **Abbildung 21** zeigt. Wie in Kapitel 2.3 erläutert, weist die Forschungsliteratur hinsichtlich einer ganzheitlichen Erprobungsstrategie eine Lücke auf, da bestehende Modelle lediglich Teilaspekte oder -komponenten der Antriebsstrangerprobung fokussieren.

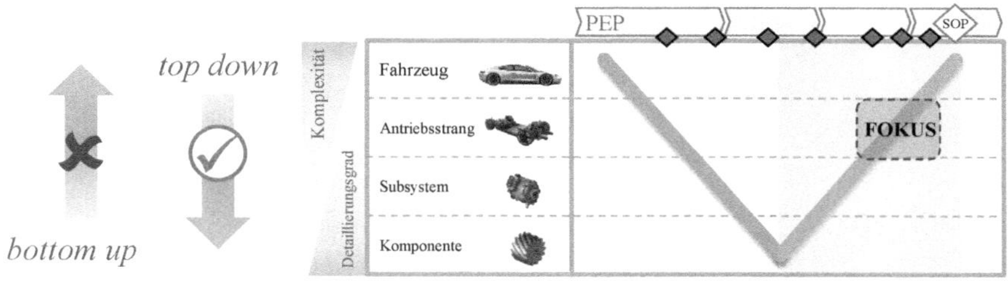

Abbildung 21: "top down" Ansatz mit Fokus auf dem Fahrzeugantriebsstrang [53]

Um in diesem komplexen und großen Themenfeld eine ganzheitliche Strategie zu erarbeiten ist es von Bedeutung den Betrachtungsumfang zu spezifizieren. Dies erfolgt mit dem 5W-Modell anhand folgender Leitfragen:

- **Was** ist zu erproben?

- **Wann** ist zu erproben?

- **Wie** ist zu erproben?

- **Womit** ist zu erproben?

- **Warum / Wozu** wird erprobt?

Die systematische Beantwortung der Leitfragen kombiniert mit der Betrachtung entlang des Produktentstehungsprozesses ergibt eine ganzheitliche

Erprobungsstrategie für eine Fahrzeugantriebstopologie. Hierfür wird das V-Modell als Vorgehensmodell herangezogen, da sich dieses für die Entwicklung komplexer mechatronischer Systeme in der Fahrzeugentwicklung etabliert hat, wie auch Lindemann [54] und Schyr [55] betonen. Es wird jedoch um die zuvor erläuterten Systemebenen (siehe Kapitel 3.1) und die Leitfragen erweitert. Die fünfte Leitfrage „Warum wird erprobt?" steht hierbei übergeordnet.

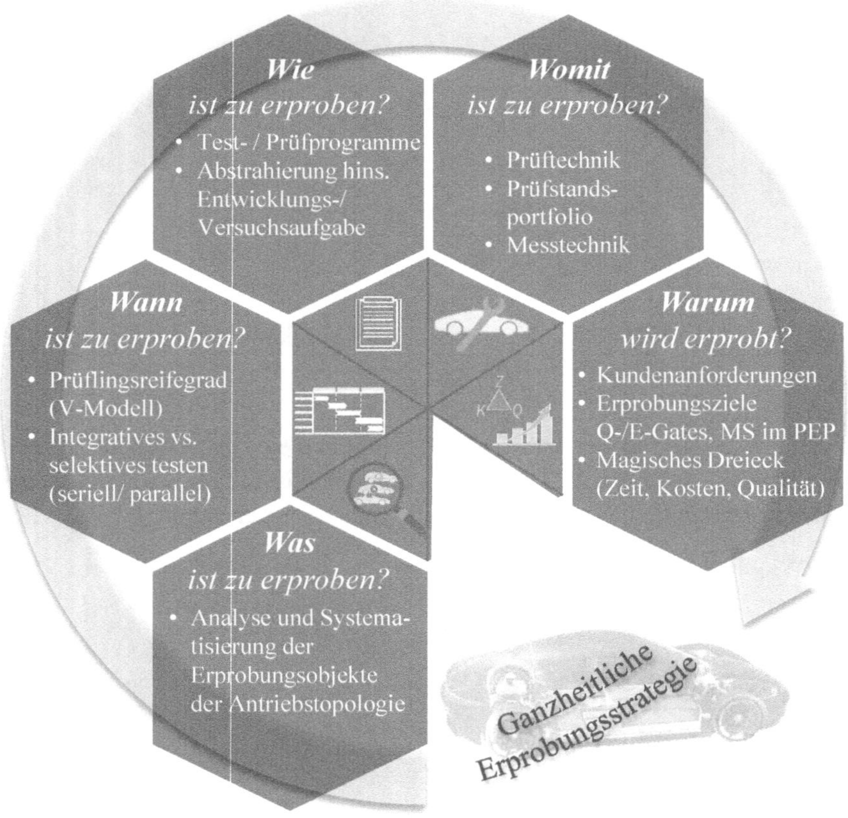

Abbildung 22: Ganzheitliche Erprobungsstrategie anhand des 5W-Modells [53]

3.2.1 Mehrdimensionales V-Modell

Abbildung 23 zeigt deutlich, dass die ganzheitliche Erprobungsstrategie demnach eine mehrdimensionale Fragestellung ist und einen komplexen Umfang im V-Modell darstellt. Der Fokus der ganzheitlichen und integrativen Erprobungsstrategie liegt hierbei auf der Antriebsstrangebene.

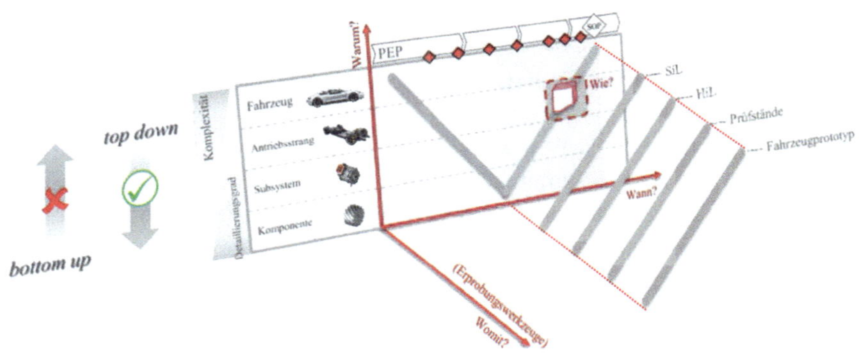

Abbildung 23: Mehrdimensionales V-Modell [53]

Im Folgenden werden die Leitfragen des 5W-Modells näher erläutert.

3.2.2 Leitfrage 1: Was ist zu erproben?

Mit der Leitfrage „Was ist zu erproben?" ist zu definieren, inwieweit der Antriebsstrang hinsichtlich seiner Subsysteme und ggf. seiner Komponenten im Rahmen der Erprobungsstrategie betrachtet und berücksichtigt wird. Dabei erfolgt eine Systematisierung und Kategorisierung des Erprobungsobjektes oder der Erprobungsobjekte. Im Rahmen dieser Arbeit wird die Antriebsstrangtopologie eines rein elektrischen Fahrzeugantriebsstranges gemäß **Abbildung 20** betrachtet. Das Hochvoltsystem bzw. Energiesystem (einschließlich der Hochvoltbatterie und der Ladetechnik) zählen hierbei, ähnlich wie die Fahrzeugreifen und Bremseinheiten, nicht zum Betrachtungsumfang des Antriebsstranges.

3.2.3　Leitfrage 2: Wann wird erprobt?

Anhand der Leitfrage „Wann wird erprobt?" ist der Reifegrad der Erprobungsobjekte zu unterschiedlichen Zeitpunkten im Produktentstehungsprozess zu analysieren. Es ist wichtig, voneinander abhängige Erprobungen mit qualitativen Indikatoren zu identifizieren, um sie hinsichtlich einer integrativen oder selektiven Erprobungsmöglichkeit zu bewerten. Diese Leitfrage ist daher stark mit der Leitfrage „Wie ist zu erproben?" verknüpft.

3.2.4　Leitfrage 3: Wie wird erprobt?

Innerhalb der Leitfrage „Wie wird erprobt?" sind die entsprechenden Test- bzw. Prüfprogramme zusammenzustellen und hinsichtlich ihres Prüffokuses zu kategorisieren. In der vorliegenden Arbeit erfolgte dies in den Kategorien Lebensdauer, Funktion, Missbrauch und Applikation. Hier flossen sowohl gesetzliche Prüfvorgaben als auch unternehmensspezifische Prüfprogramme aus Erfahrungswerten von Fachexperten ein.

Im Rahmen dieser Arbeit wurde hierzu eine zentrale Erprobungsdatenbank erarbeitet und im Unternehmen etabliert. Diese umfasst mehrere tausend Erprobungsumfänge und wird über die stetige Rückführung von Erprobungswissen ([56], [57]) als KnowHow-Datenbasis gepflegt.

3.2.5　Leitfrage 4: Womit wird erprobt?

Wie in Kapitel 2.3 erläutert liegen der Antriebsentwicklung für Erprobungen eine Vielzahl von Erprobungswerkzeugen vor. Die Anforderungen an diese Erprobungswerkzeuge umfassen heutzutage nicht mehr nur die Erfüllung einzelner spezifischer Testfälle („Wie wird erprobt?"), sondern eine möglichst breite und flexible Nutzung des Erprobungswerkzeuges für unterschiedliche Einsatzzwecke, was auch Guggenmos [58] unterstreicht. Bei dieser Leitfragestellung „Womit wird erprobt?" hat deshalb sowohl eine Analyse als auch eine Kategorisierung des Erprobungswerkzeugkastens zu erfolgen, um diese mit den anderen Leitfragestellungen zu koppeln. Eine beispielhafte Kategorisierung und Systematisierung von Prüfständen ist in **Abbildung 24** dargestellt.

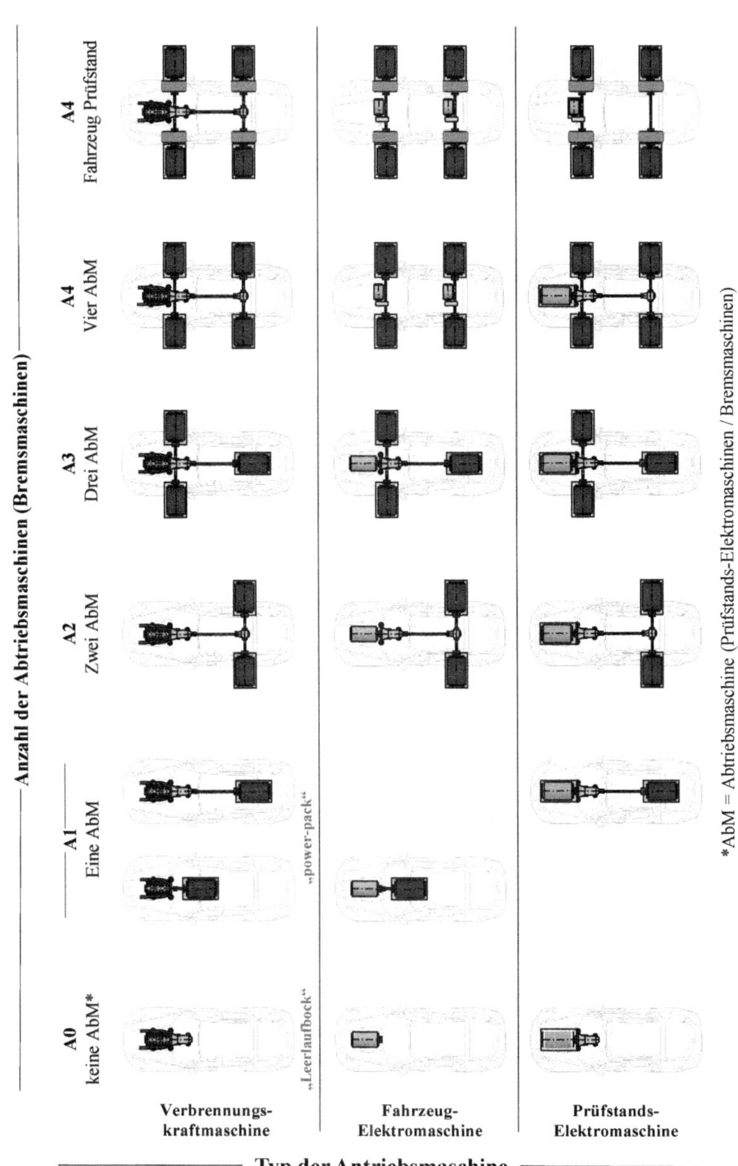

Abbildung 24: Kategorisierung von Antriebsprüfständen [59]

Zudem ist hierbei die jeweils erforderliche Prüftechnik und Messtechnik zu berücksichtigen. Im Rahmen dieser Arbeit wurden hierzu Erprobungswerzeuge der Antriebsstrangentwicklung in dreistelliger Größenordnung kategorisiert und in einer umfangreichen Wissensdatenbank mit Detailsteckbriefen systematisiert.

3.2.6   Leitfrage 5: Warum / Wozu wird erprobt?

Die Leitfrage „Warum / Wozu wird erprobt?" analysiert übergeordnet die Kundenanforderungen, die zu erfüllenden quality gates und Meilensteine des PEP hinsichtlich des magischen Dreiecks aus Zeit, Kosten und Qualität hinsichtlich der Antriebsstrangentwicklung. In diese Leitfrage fließen neben allen Erprobungen, welche aus der Erfüllung von Kundenanforderungen resultieren, auch solche ein, welche sich aus gesetzlichen Anforderungen (z.B. Typgenehmigungen) ergeben. Damit steht diese Leitfrage übergeordnet über allen Leitfragen.

3.3   Beispielhafte Erprobungslandkarte für einen rein elektrischen Fahrzeugantriebsstrang

Die folgend aufgeführte ganzheitliche Erprobungsstrategie für einen beispielhaften rein elektrischen Fahrzeugantriebsstrang wurde vorab in Akkaya [53] veröffentlicht und ist aus zwei wesentlichen Eingangsgrößen aufgebaut (siehe **Abbildung 25**). Zunächst flossen ca. 50 Anregungen und Inhalte aus der Forschungsliteratur für diese Antriebsstrangtopologie ein. Dieser Literaturbasis ging eine umfangreiche Analyse des Stands der Technik zu diesem Themenfeld voraus (siehe Anhang 1 – Literaturdatenbank (> 300 Quellen) zur Recherche ganzheitlicher Erprobungsstrategien für elektrifizierte Fahrzeugantriebsstränge). Die Forschungsliteratur lieferte hierbei, wie bereits in der Einführung der Nomenklatur erläutert, fragmentale und spezifische Inhalte, wie etwa Methoden zur Simulationsgüteverbesserung oder Erprobungen auf Komponenten- und Subsystemebene wie Elektromaschinenprüfungen am Prüfstand. Die weitaus größere Eingangsgröße bestand aus Fach- und Erfahrungswissen der

Unternehmensexperten. Dieses wurde durch systematische Befragungen und Workshops aggregiert und zusammengeführt.

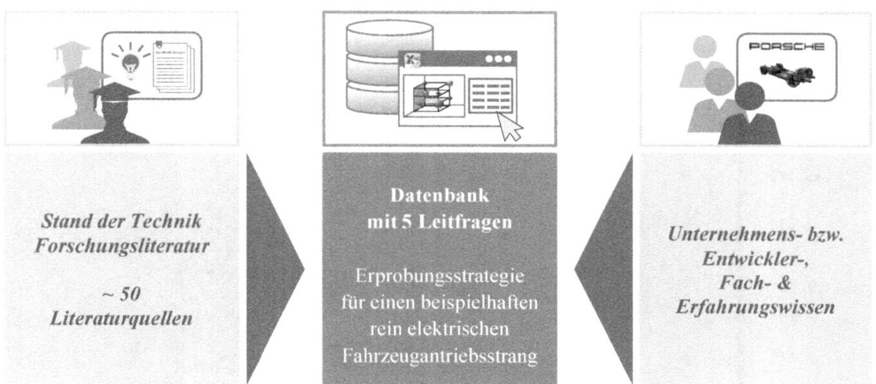

Abbildung 25: Wissensdatenbank der fünf Leitfragen [53]

Für die in **Abbildung 20** dargestellte beispielhafte rein elektrische Fahrzeugantriebsstrangtopologie wurden damit 576 Erprobungen gemäß des 5W -Modells (siehe Kapitel 3.2) erarbeitet, kategorisiert und in eine zentrale Erprobungsdatenbank überführt. **Abbildung 26** stellt die grafische Visualisierung der ganzheitlichen Erprobungsstrategie an die Anlehnung des erweiterten mehrdimensionalen V-Modells dar. Die Zahlen auf den Kugeln entsprechen der Anzahl der Erprobungen in der jeweiligen Kategorie. Da der Schwerpunkt bei dieser Strategie auf dem Fahrzeugantriebsstrang liegt, wurde bei der Betrachtung die Komponentenebene zurückgestellt.

Die Verteilung der Erprobungen in der Strategie macht deutlich: Die Erprobungen („Wie muss getestet werden?") sind hier mit ihrem „finalen" Erprobungswerkzeug („Womit wird getestet?") dargestellt. Beispielsweise werden Erprobungen zum Ölhaushalt des Getriebes (u.a. Beölung, Entlüftungsverhalten, Ansaugsicherheit und Ölverschäumung) teilweise durch Simulation und auf dynamisch schwenkbaren Komponenten- und Subsystemprüfständen vorerprobt. Das endgültige Erprobungswerkzeug ist jedoch das Prototypenfahrzeug, durch das der volle Umfang des Erprobungsinhaltes erzeugt wird. Daher ist diese Erprobung in der Erprobungslandkarte in der Kombination Subsystem im Gesamtfahrzeug dargestellt. Bei 333 Erprobungen in der Datenbank kann davon ausgegangen werden, dass neben dem „finalen Erprobungswerkzeug" weitere Erprobungswerkzeuge zur Vorerprobung verwendet werden.

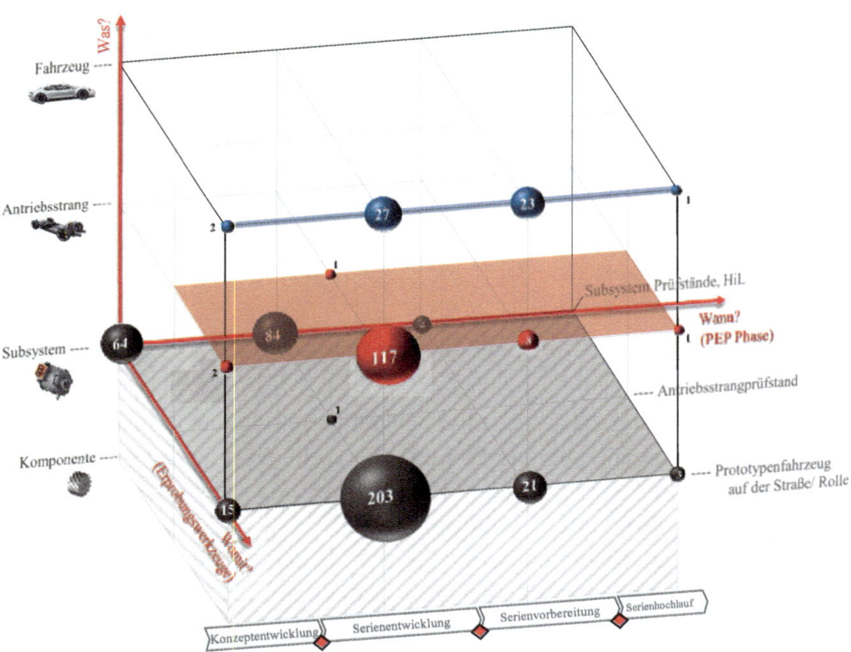

Abbildung 26: Ganzheitliche Erprobungsstrategie eines rein elektrischen Fahrzeugantriebsstranges [53]

Einen wesentlichen Einfluss auf die Verteilung der Erprobungen in der Strategie hat die Topologie des hier beispielhaft verwendeten Fahrzeugantriebsstranges. Die Erprobung einer einzelnen Achse (bspw. Vorder- oder Hinterachse) stellt gemäß der Kategorisierung eine Subsystemprüfung dar. Erfolgt die Erprobung des Antriebsstranges, sind beide mechanisch voneinander entkoppelte Achsen, Prüfumfang der Erprobung. Die erarbeitete ganzheitliche Erprobungsstrategie (siehe **Abbildung 26**) macht ebenso deutlich, dass die

Antriebsstrangebene derzeit überwiegend mit Prototypenfahrzeugen erprobt wird. Bei dieser Aufgabe ist es wichtig Mehrwerte gegenüber Aufwänden im Potential genau zu betrachten, abzuleiten und durch Methodenversuche zu bestätigen. Beispielsweise können sich durch die Verwendung eines Antriebsstrangprüfstandes Erprobungen reproduzierbarer wiederholen, Erprobungszeitfenster durch automatisierte Prüfprogramme effizienter gestalten und damit Einzelerprobungen im Fahrzeug bündeln. Die Herausforderungen bei der Nutzung von hybriden Erprobungswerkzeugen liegen zumeist in den Rüst- und Aufbauaufwänden der Prüflinge auf den Prüfständen.

Die mechanische Entkopplung der Antriebsachsen des hier verwendeten elektrischen Fahrzeugantriebsstranges eröffnet jedoch eine flexiblere Nutzung von Erprobungswerkzeugen. Beispielweise kann hierbei der Antriebsstrang mit einem Einachsaufbau real erprobt werden und die weitere Achse wird durch eine echtzeitfähige Simulation am Prüfstand simuliert. Durch den hohen Grad der elektrischen Vernetzung stellt dies dabei neue Herausforderungen an die Schnittstellenfähigkeit und Simulationsgüte der Prüfressourcen, die es zu erfüllen gilt.

Um die Leitfrage „Wie ist zu erproben?" detaillierter zu beantworten wurden die Erprobungen inhaltlich nochmals in vier Kategorien gegliedert (siehe **Abbildung 27**):

- **Lebensdauer**

- **Missbrauch**

- **Funktion**

- **Applikation**

Lebensdauererprobungen beinhalten den Prüffokus die Dauerhaltbarkeit zu erproben. Missbrauchserprobungen stellen Fahrmanöver oder –situationen dar, die zum Missbrauch der Funktion führen (beispielsweise die Berstprüfung für Zerstörungen des Elektromotors durch einen Überdrehzahlbetrieb). Funktionserprobungen weisen die gewünschte Funktionalität des Erprobungsobjektes nach (beispelsweise funktionsfähige Schaltvorgänge des Getriebes). Durch Applikationserprobungen werden Funktionalitäten parametriert und eingestellt (beispielsweise die Start-Stopp Strategie).

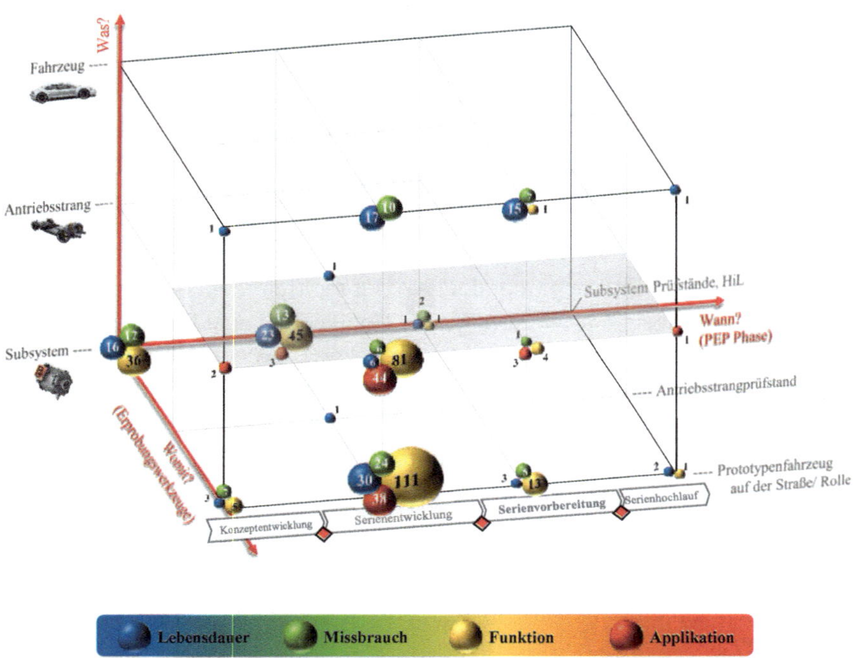

Abbildung 27: Detaillierung der ganzheitliche Erprobungsstrategie hinsichtlich der Erprobungskategorien [53]

Von den insgesamt 576 Erprobungen konnten bei 146 Abhängigkeiten zueinander bzw. untereinander erarbeitet werden. Dies ist v.a. hinsichtlich der Leitfrage „Wann ist zu erproben?" wichtig. Durch die Identifikation der Abhängigkeiten lassen sich selektive oder parallele Erprobungsmöglichkeiten erarbeiten und in die Erprobungsstrategie integrieren. **Abbildung 28** zeigt beispielhaft die Abhängigkeiten der Erprobungen in der Phase der Serienvorbereitung. Das Zeichen „>" und der gestrichelte Pfeil symbolisieren hierbei, dass die Erprobung, von der der Pfeil ausgeht, vor der Erprobung stattfinden muss, auf die der Pfeil zeigt. Beispielsweise muss die Funktionserprobung auf Subsystemebene vor den Missbrauchserprobungen im Prototyp auf der Fahrzeugebene erfolgen. Das Zeichen „=" und der durchgezogene Pfeil bedeuten, dass die Erprobung parallel oder gemeinsam mit der Erprobung stattfinden muss, auf die der Pfeil zeigt. Demnach ergibt sich der Zusammenhang, dass in **Abbildung 28** die Lebensdauererprobung des Subsystems mit dem Fahrzeugprototypen gemeinsam mit den Missbrauchserprobungen auf der Fahrzeugebene erfolgen.

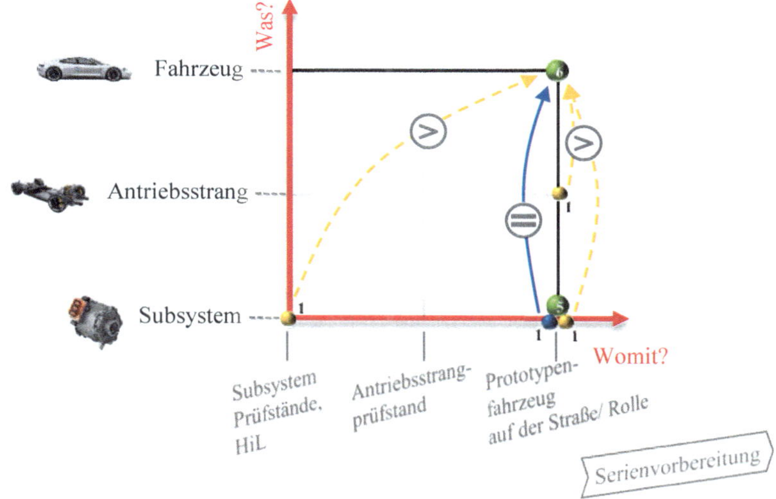

Abbildung 28: Abhängigkeiten der Erprobungen in der Serienvorbereitung [53]

Die hier vorgestellte ganzheitliche Erprobungsstrategie wird zusätzlich im Rahmen des Wissensmanagements im Produktentstehungsprozess genutzt. Sie wird hierbei von Entwicklern als Handlungsempfehlung oder Vorgehensmodell / -framework verwendet. Durch diese sukzessive Einbindung der Erfahrungen der Entwickler kann so nicht nur ein Knowhow-Schutz ermöglicht werden, sondern auch die Rückführung des Erprobungswissens in die Entwicklung stattfinden. Dies ist vor allem aus dem Grund wichtig, weil in der Entwicklung elektrifizierter Fahrzeugantriebe derzeit ein anderes Know-How Level zur Verfügung steht als in der Entwicklung konventioneller Fahrzeugantriebe ([60]). Im Bereich der elektrifizierten Fahrzeugantriebe sind sehr große Kompetenzen in den Einzeldisziplinen auf Komponenten und

Subsystemebene vorhanden. Auf Antriebsstrangebene muss das zusammenhängende Know-How noch vernetzt und aufgebaut werden. Diesen Umstand zeigen auch Karthaus ([61], [62], [63]) und Schenk ([64], [65]) deutlich auf. Die im Rahmen dieser Arbeit erarbeitete und in der Praxis eingesetzte ganzheitliche und integrative Erprobungsstrategie trägt hier einen wesentlichen Teil zur Antriebsstrangentwicklung bei und schafft eine deutliche Transparenz über Erprobungsumfänge und -werkzeuge innerhalb des mehrdimensionalen V-Modells in den Fahrzeugprojekten.

3.4   Methode der Reifegradbewertung des Fahrzeugantriebsstranges

Um die ganzheitliche Erprobungsstrategie im Produktentstehungsprozess auf Antriebssystemebene hinsichtlich des Reifegrades zu verfolgen, ist eine geeignete Methode erforderlich. Hierfür wurde im Rahmen dieser Arbeit eine Meilensteinsystematik etabliert. Auf Antriebssystemebene wurden Meilensteine entlang des kritischen Pfades des PEP definiert. Diese Antriebssystemmeilensteine (ASMS) überwachen den Reifegrad des Antriebssystems im Verbund. Im Folgenden wird die Systematik als Methode erläutert.

Jeder ASMS umfasst mehrere Einzelkriterien mit hierfür verantwortlichen Entwicklungsbereichen. Diese Kriterien wurden gemeinsam mit diversen Antriebsfachexperten anhand des kritischen Pfades der Antriebsentwicklung ermittelt und festgelegt. Die Bewertung der Kriterien erfolgt in standardisierten Meilensteingesprächen. Diese setzen sich aus einem Vorbewertungsgespräch und einen Abnahmegespräch zusammen. Im Vorbewertungsgespräch bewerten die Verantwortlichen die Kriterien prozentual hinsichtlich ihres quantitativen Erfüllungsgrades zum entsprechenden Stichtag (siehe **Abbildung 29**). Der Mittelwert aller Kriterien ergibt den Reifegrad. Dieser wird in einer Ampelsystematik dargestellt (siehe **Tabelle 1**). Das Abnahmegespräch folgt zeitlich nachgelagert zum Vorbewertungsgespräch. Im Abnahmegespräch liegt der Fokus auf der sinnvollen Aggregation von Abweichungen der Einzelkriterien und ihrer Behebung. Diese sind hinsichtlich ihrer Ursache, einer Abhilfemaßnahme, den entsprechend dafür verantwortlichen und einem Zieltermin in einem Kurzbericht zu formulieren. Fahrzeugprojektspezifisch erfolgt die Terminausplanung aller Meilensteingespräche jährlich im Voraus.

Tabelle 1:   Ampelsystematik zur Reifegradbewertung der ASMS

Symbolik	Bewertungserläuterung
rot	*Gravierende Abweichung* Definierte Inhalte des Antriebsmeilensteins werden nicht erreicht. Die Abweichung ist derzeit nicht beherrschbar. Eine Eskalation an die Steuerungsebene ist notwendig.
rot/gelb	*Erhebliche Abweichung* Definierte Inhalte des Antriebsmeilensteins werden überwiegend nicht erreicht. Die Abweichung ist mit Sondermaßnahmen korrigierbar. Ein Bericht an die Steuerungsebene ist notwendig.
gelb	*Wesentliche Abweichung* Definierte Inhalte des Antriebsmeilensteins werden teilweise nicht erreicht. Die Abweichungen sind mit Maßnahmen auf der Arbeitsebene korrigierbar. Ein Bericht an die Steuerungsebene wird empfohlen.
grün	*Keine bzw. nur geringe Abweichungen* Definierte Inhalte des Antriebsmeilensteins werden erfüllt. Der Reifegrad des Antriebs ist im Plan. Einzelmaßnahmen sind unproblematisch.

Die ASMS ermöglichen somit eine Reifegradbewertung und -überwachung mit transparentem Berichtswesen auf Antriebssystemebene. Durch die Zuweisung der Aufgaben und Verantwortlichkeiten unterstützen sie zudem bei der Einhaltung der Zielvorgaben für das Antriebssystem.

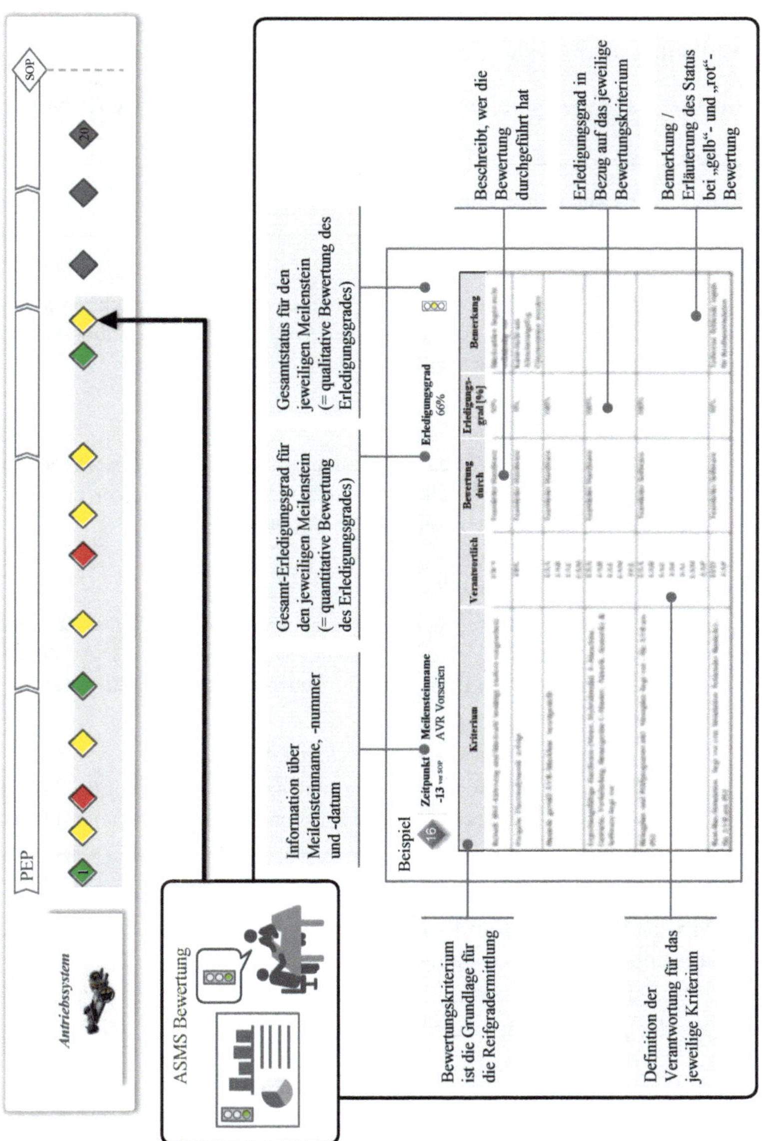

Abbildung 29: Meilensteinbewertung des Antriebssystemmeilensteins (ASMS)

3.5　Weitere entscheidende und beeinflussende Faktoren der Erprobungsstrategie

Weitere beeinflussende und entscheidende Faktoren für die Implementierbarkeit und den Erfolg der ganzheitlichen integrativen Erprobungsstrategie/-methode aus wirtschaftspsychologischer Sicht sind sowohl Zusammenarbeitsmodelle und Organisationsformen als auch die Kultur und das Mindset des Arbeitsumfeldes. In den folgenden Kapiteln werden beide Aspekte näher erläutert und beschrieben, wie diese Faktoren im Rahmen dieser Arbeit in der Praxis erfolgreich berücksichtigt wurden.

3.5.1　Aufbauorganisation von Prüffeldern und ihr Einfluss auf eine integrative Erprobung

Prüffelder unterliegen einem starken Spannungsfeld, in dem ökonomische Effizienz, effektive Ausnutzung hoher Investitionen und die gleichzeitige Bereitstellung von flexiblen Prüfressourcen und Entwicklungsleistungen in Einklang gebracht werden müssen. Die Aufbauorganisation von Prüffeldern ist dabei von grundlegender Bedeutung, da sie die Struktur und Funktionsweise definiert und damit maßgeblich Einfluss auf die Effizienz und Wirksamkeit in der Zusammenarbeit mit der Entwicklung hat. Dies haben auch die Autoren Houldcroft et. al. der Firma Jaguar Land Rover dargelegt [66], jedoch keine weiteren Ansätze beschrieben.

Beispielhaft werden im Folgenden zwei im Rahmen dieser Arbeit erarbeiteter Aufbauorganisationen mit ihren Einflussfaktoren auf den Betrieb der Prüfressourcen und dementsprechend auf die Erprobung beschrieben: Das Manufakturprinzip und das Produktionsbandprinzip.

3.5.1.1　*Manufakturprinzip*

Das Manufakturprinzip (siehe **Abbildung 30**) ist eine Form der Linien-Aufbauorganisation, in der die jeweiligen Aufgabengebiete bzw. Berufsgruppen / Rollen in einer eigenen Organisationseinheit (OE) hierarchisch strukturiert und organisiert werden. Die Linienbereiche sind anhand der zu betreibenden

Werkzeuge / Prüfstandsgruppen aufgeteilt. Jeder Bereich hat hierbei alle notwendigen Aufgaben und Rollenressourcen zum Betrieb des Werkzeuges / Prüfstandes in einem Team unter einer gemeinsamen Weisungsbefugnis.

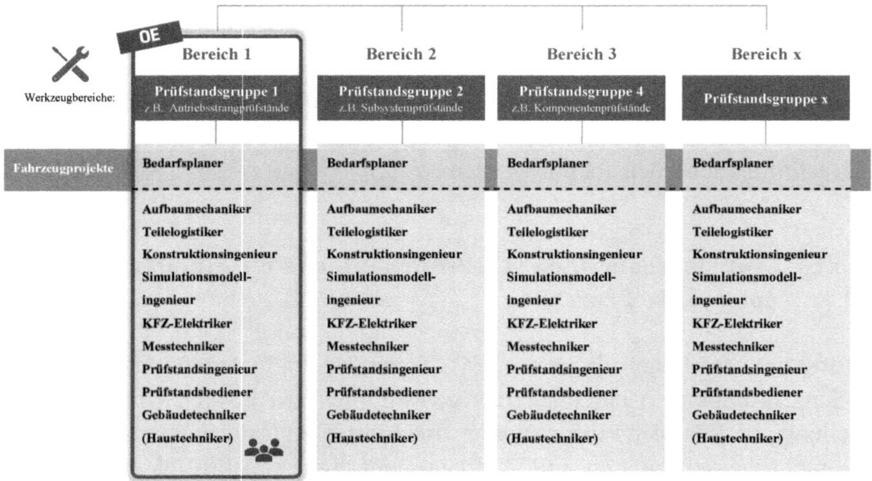

Abbildung 30: Beispielhafte Aufbauorganisation eines Prüffeldes nach dem Manufakturprinzip

In den ersten beiden Erprobungsphasen (siehe Kapitel 4.1.2) ist eine enge Zusammenarbeit zwischen der Entwicklung und dem Prüffeld nach dem OTEC-Modell (siehe Kapitel 4.1.3) zur Identifikation und Festlegung der geeigneten Prüfressource zu erfolgen. Daher ist die Empfehlung alle Bedarfsplaner zudem werkzeugübergreifend und linienübergreifend anhand der Fahrzeugprojekte zu clustern.

Das Manufakturprinzip stärkt das gemeinsame Teamverständnis und das Zusammengehörigkeitsgefühl. Das Team besitzt alle notwendigen Kompetenzen, um sich zu einer fundierten Expertengruppe für die jeweilige Prüfressource zu entwickeln. Dies ist v.a. für hochkomplexe Prüfressourcen, wie beispielweise hochdynamische Antriebsstrangprüfstände, von Vorteil. Bei intensiver Nutzung der Prüfressource für individuelle Entwicklungstätigkeiten (d.h.

weniger automatisierte Standardaufgaben) ist das Team somit sachkundig handlungsfähig und hat untereinander kurze Kommunikations- und Abstimmungswege. Dies fördert die Entscheidungsstärke des Teams und motiviert zu proaktivem Denken und Handeln der einzelnen Teammitglieder zur Erreichung des gemeinsamen Teamziels, Erprobungen umzusetzen.

Das Risiko dieser Organisationsform liegt darin, dass sich bei gleichen Aufgabenfeldern bzw. Berufsgruppen der einzelnen Bereiche unterschiedliche Arbeitweisen im Erprobungsablauf (siehe Kapitel 4.1.2) entwickeln können, beispielsweise bei der Prüflaufvorbereitung und -durchführung. Der Austausch der gleichen Berufsgruppen hat bereichsübergreifend zu erfolgen, um trotz unterschiedlicher OE-Zugehörigkeiten homogene Arbeitsabläufe sicherzustellen. Gegebenenfalls können auch Inseloptimierungen der Prüfstände erfolgen beispielweise im Bezug auf Investitionen in Prüfstandstechnik, Gebäudetechnik und Softwareupdates (wie etwa von Automatisierungssystemen).

3.5.1.2 Produktionsbandprinzip

Das Produktionsbandprinzip (siehe **Abbildung 31**) ist eine Form der Matrix-Aufbauorganisation. Die Bereiche werden nach Aufgabengebieten und gleichen Berufsgruppen / Rollen zusammengefasst und in einer OE verortet. Beispielsweise sind die Aufbauwerkstätten, die Gebäudetechnik, die Planung zentralisiert. Der Bereich der Planung ist in der horizontalen Matrixinstanz nach Fahrzeugprojekten organisiert. Alle weiteren Bereiche sind nach unterschiedlichen Prüfstandsgruppen gegliedert. Sowohl in der horizontalen als auch in der vertikalen Dimension der Matrix finden Weisungsbefugnisse statt. D.h. die Mitarbeiter sind mehreren weisungsbefugten Führungskräften zugeordnet.

Es wird deutlich, dass der Betrieb einer Prüfressource / eines Prüfstandes im Produktionsbandprinzip nur in enger und sehr gut abgestimmter Zusammenarbeit mit hohem Kommunikationsaufwand zwischen den Berufsgruppen / Rollen über alle Bereiche hinweg möglich ist. Dies kann v.a bei hoher Projektlast und hochkomplexen Prüfressourcen (wie Antriebsstrangprüfständen) zu Herausforderungen bei der Priorisierung der zu betreibenden Prüfressource führen und bei den jeweiligen Berufsgruppen zu einer Überlastung.

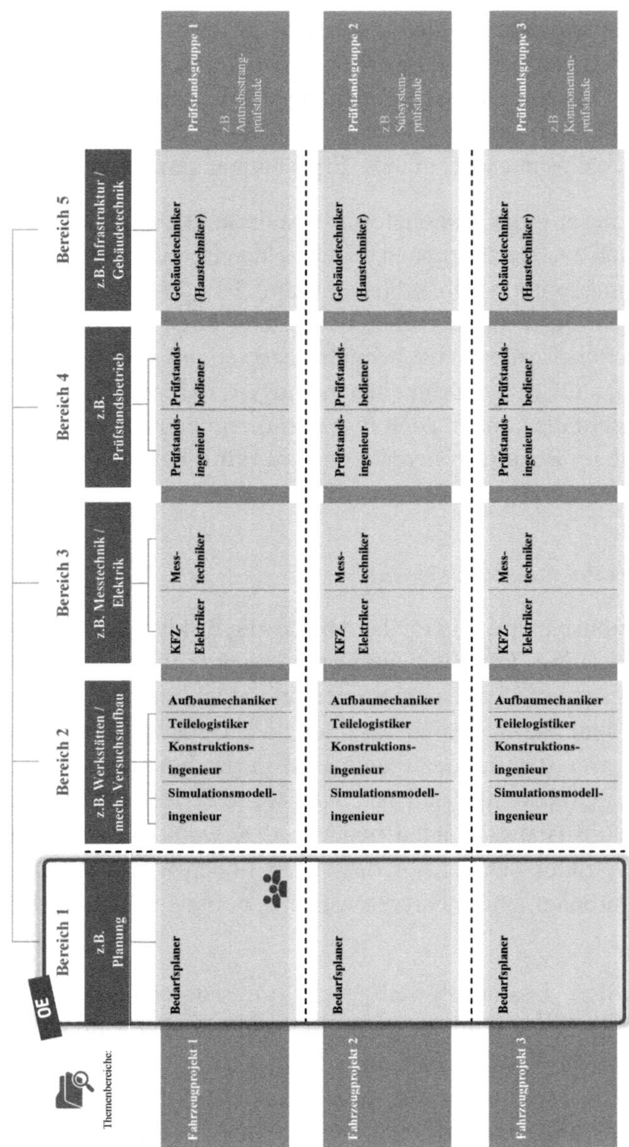

Abbildung 31: Beispielhafte Aufbauorganisation eines Prüffeldes nach dem Produktionsbandprinzip

Klar definierte Aufgabenfelder mit In- und Outputs der Schnittstellen zueinander sind Vorraussetzung für die Funktionsfähigkeit des Produktionsbandprinzipes. Dies trägt das Risiko, dass die Erfüllung der eigenen Aufgabe als Teilelement des gesamten Ziels in den Vordergrund rückt und durch fehlende gemeinsame Teamzugehörigkeit die Zusammenarbeit bürokratisch und stockend wird. Beispielsweise wenn die eigene Handlung erst dann initiiert wird, wenn eine vollständige Akquisition sämtlicher erforderlicher Inputfaktoren vorliegt. Durch die Zentralisierung der jeweiligen Berufsgruppen in einer OE folgt positiv, dass einheitliche Arbeitsprozesse nachgehalten und gelebt werden. Beispielsweise findet die Teilelogistik oder die Planung aller Prüfressourcen einheitlich statt. Zusätzliche Quality Checkpoints zwischen den OEs können die Prozessqualität im Erprobungsablauf (siehe Kapitel 4.1.2) bei sehr guter fachbereichsübergreifender Kommunikation erhöhen oder andernfalls hemmen.

3.5.1.3 *Fazit zur Aufbauorganisation von Prüffeldern*

Sowohl das Manufakturprinzip als auch das Produktionsbandprinzip haben jeweils ihr Für und Wider. Hierbei spielt nicht nur der Erprobungsfokus (überwiegend teil- oder vollautomatisierte Standardaufgaben oder individuelle komplexe Entwicklungstätigkeiten), sondern auch die Menge (Anzahl an Prüfressourcen), ihre Varianz und Komplexität (Komponenten-, Subsystem-, Antriebsstrangprüfstände etc.) eine Rolle. Das Produktionsbandprinzip bringt seine Stärken besonders hinsichtlich der ökonomischen Optimierung (Prozess-, Laufzeitoptimierungen) für Prüffelder ein. Das Manufakturprinzip zeigt sein überwiegendes Potential hingegen in der Zusammenarbeit anspruchsvoller Prüfeinrichtungen und Erprobungsaufgaben. Ein Prüffeld mit einer großen Anzahl von homogenen Prüfressourcen und hochautomatisierten und standardisierten Prüfaufgaben kann den Fokus mit dem Produktionsbandprinzip auf die wirtschaftliche Steigerung legen. Ein kleines diverses Prüffeld mit überwiegend individuellen Entwicklungstätigkeiten kann im Manufakturprinzip einen effektiven Prüfbetrieb realisieren.

Integrative Erprobungsstrategien erhöhen die Schnittstellen und die Anzahl der beteiligten Teamplayer aus der Entwicklung im Erprobungsteam signifikant (siehe Kapitel 4.1.3). Zudem stehen entwicklungsbegleitende Erprobungen, welche das Gesamtsystem Antriebsstrang im Fokus haben, im

Vordergrund, wodurch hochkomplexen Prüfständen eine hohe Bedeutung zukommt. Dies erfordert und verlangt ein erhöhtes Expertenfachwissen im Prüfbetrieb, bei dem von den Prüfstandsexperten ein tiefgreifendes Beherrschen ihrer Werkzeuge erwartet wird. Im Hinblick auf förderliche Einflüsse auf ganzheitliche und integrative Erprobungen (siehe Kapitel 3.2 und Kapitel 4.1) und deren gestiegene fachliche Unterstützung seitens der Experten des Prüfbetriebes, ist für eine solche Erprobungsstrategie das Manufakturprinzip zu empfehlen.

Die Anwendung des Manufakturprinzipes im Rahmen dieser Arbeit im Prüffeld der Porsche AG hat gezeigt, dass die fachlich vollumfängliche Handlungsfähigkeit, mit kurzen teaminternen Kommunikationswegen, zu einer ausgeprägten gemeinsamen Teamzugehörigkeit und erheblichen intrinsischen Arbeitsmotivation führt, und sich dadurch dieses Team als Expertengruppe des Prüfwerkzeuges als gleichwertiger Tandempartner auf Augenhöhe und im Schulterschluss zur Entwicklung sieht und nicht nur als beauftragte und auszuführende Organisationseinheit. Damit ist die Zusammenarbeit geprägt von Flexibilität und hoher Entscheidungsfreude. Für die integrative Erprobungsstrategie (siehe Kapitel 3) bzw. auf die ASP 1.0 und ASP 2.0 (siehe Kapitel 4) hat das Manufakturprinzip daher einen förderlichen Einfluss auf die Umsetzbarkeit.

3.5.2 Kultur und Mindset

An die Herausforderungen fachübergreifender und organisationseinheitsübergreifender Zusammenarbeit wurde bereits in Kapitel 3.5.1 herangeführt. Die entsprechende Kultur und das vorgelebte Mindset des Managements ist ein weiterer wesentlicher Baustein zur Realisierung einer ganzheitlichen integrativen Erprobungsmethode und einer damit einhergehenden engen interdisziplinären Zusammenarbeit, das dieser wirtschaftspsychologische Einfluss bedeutend ist und nicht unbeachtet bleiben sollte, zeigen auch die Quellen [67] und [25] auf.

Die integrative Erprobungsmethode stellt zunächst eine Veränderung dar. Damit durchlaufen die hiervon betroffenen Mitarbeiter einen Veränderungsprozess. Dieser ist nach dem Phasenmodell von Professor Richard K. Streich beschreibbar (siehe **Abbildung 32**).

- **Veränderungsphase 1 – Schock:** Zunächst erfolgt auf die Information der Veränderung die Schockphase. Hierbei reagieren die Mitarbeiter meist überfordert und eine Absenkung der Produktivität ist spürbar.

- **Veränderungsphase 2 – Verneinung:** In dieser Phase wird der Widerstand ausgelöst. Man möchte am bisher Bestehenden festhalten und erklärt die Veränderung für unrelevant, unwichtig oder nicht sinnvoll. Hinter dem Widerstand steht die Angst, gewohnte Arbeitsstrukturen zu verlieren.

- **Veränderungsphase 3 – Einsicht:** Hier entsteht eine rationale Akzeptanz bei den Mitarbeitern. Die Veränderung ist mit ihrem bisherigen Widerstand nicht abzuwenden. Diese Erkenntnis kann in Frustration oder Resignation münden.

- **Veränderungsphase 4 – Akzeptanz:** Am Tiefpunkt der eigenen Motivations- und Leistungsbereitschaft (auch das „Tal der Tränen" genannt) folgt der Wendepunkt. Mitarbeiter lassen von ihren bisherigen Verhaltens- und Vorgehensweisen ab. Die Veränderung wird nun nicht nur rational („ich verstehe, warum wir es tun"), sondern auch emotional akzeptiert („ich akzeptiere, dass wir es tun").

- **Veränderungsphase 5 – Ausprobieren:** In dieser Phase beginnen die Mitarbeiter der Veränderung mit Interesse zu begegnen. Neue Prozesse und Methoden werden interessiert angenommen und ausprobiert. Es entstehen sowohl Erfolge als auch Misserfolge. Die zuvor herrschende Angst und Trauer weichen der Neugier.

- **Veränderungsphase 6 – Erkenntnis:** Die ersten Erfolge verändern den Blickwinkel auf die Veränderung als eine positive Chance. Das Selbstvertrauen in die eigenen Fähigkeiten nimmt zu.

- **Veränderungsphase 7 – Integration:** Neue Verhaltens- und Vorgehensweisen werden zunehmend als neue Routinen etabliert und nach und nach als selbstverständlich erachtet.

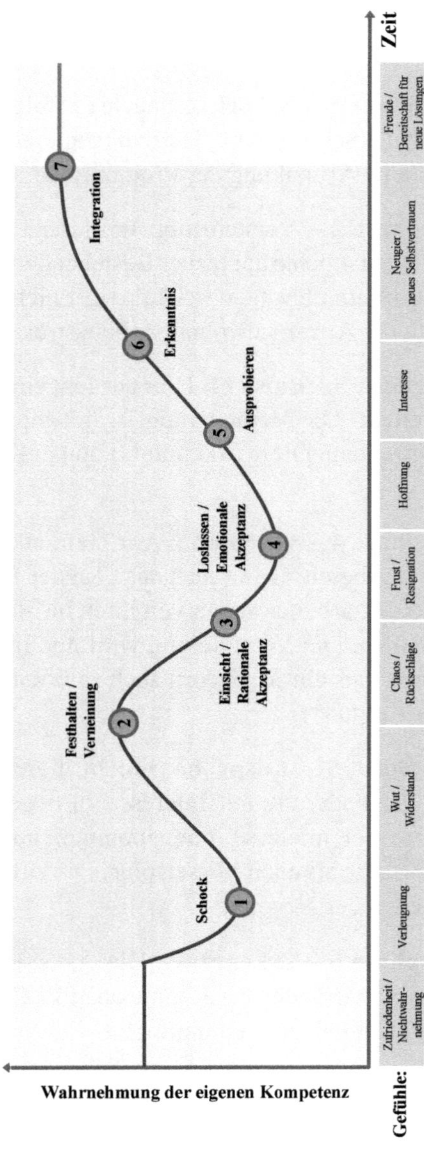

Abbildung 32: Phasenmodell der Veränderung nach Prof. Richard K.Streich [68]

Zusammenfassend gilt, dass die Wahrnehmung der Veränderung und auch die persönliche Reaktion jedes einzelnen Mitarbeiters auf die Veränderung (überwiegend positiv oder negativ) unterschiedlich ausfallen können, jedoch durchlaufen sie alle in unterschiedlicher Geschwindigkeit und mit individuellen Schleifen die einzelnen hier beschriebenen Veränderungsphasen.

Für die Etablierung und weitere Ausrollung der integrativen Erprobung der Antriebsstrangentwicklung ist ein starker Mindset & Kulturwandel notwendig, der durch die Führung in der Antriebsentwicklung vorgelebt und mitgetragen werden muss, sodass Mitarbeiter die alternativen Werkzeuge (Prüfstand und Simulation) ggü. den bisherigen Werkzeugen (Fahrzeug) akzeptieren, ihre Vorteile erkennen, dadurch die Nutzung und die Methodiken optimieren und damit die Akzeptanz steigern. Dies wird auch durch Stopper et al. [69] der Firma BMW Group dargelegt.

In der Umsetzung und Anwendung der ganzheitlichen Eprobungsstrategie in der Praxis der Dr. Ing. h.c. F. Porsche AG (während der Entstehung dieser Arbeit) wurden hierfür u.a. (angelehnt an das Lippitt-Knoster Modell [70]) folgende fünf Maßnahmen eingesetzt, um die Veränderung hinsichtlich der Kultur und des Mindset zu unterstützen und zu implementieren:

- **Vision:** Kommunikation der klaren Vision zur linkslastigeren und integrativen Antriebsstrangentwicklung durch das Management / die Führungskräfte an die Mitarbeiter.

- **Fähigkeiten:** Alternative Erprobungswerkzeuge wie Prüfstände und Simulationsmodelle wurden aktiv transparent beworben (z.B. Imagevideos, Steckbriefe inkl. Leistungs- und Funktionsumfang, Standorte, Ansprechpartner) und Mitarbeitern somit zugänglicher gemacht, sodass diese Kompetenzen zu ihnen als Alternative zu bisherigen Erprobungswerkzeugen aufbauen konnten.

- **Anreize:** Reduzierung der physischen Fahrzeugerprobungsträger durch das Management. Kommunikation und Transparenz der Nutzungszeitfenster alternativer Erprobungswerkzeuge, beispielweise durch automatisierte Prüfprogramme und Auswertungen oder der erweiterten Zugänglichkeit durch Remote-Zugriffe (welche auch eine Flexibilität des Arbeitsortes zulässt).

- **Ressourcen:** Sicherstellung der ausreichenden Verfügbarkeit und Kapazität der alternativen Erprobungswerkzeuge (Prüfstände und Simulationsmodelle).

- **Plan:** Deklaration ausgewählter Fahrzeugprojekte als Pilotprojekte durch das Management.

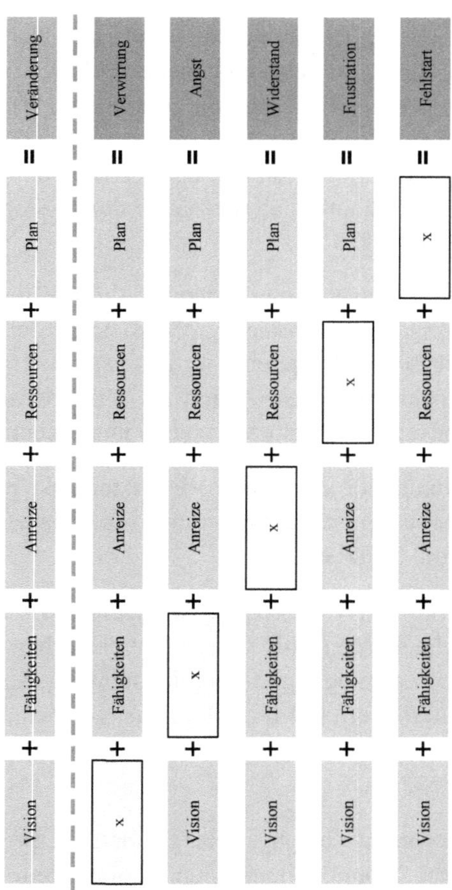

Abbildung 33: Fünf Erfolgsfaktoren für Veränderungen angelehnt an das Lippitt-Knoster-Modell [70]

4 Ein neuartiges Testelement der ganzheitlichen Erprobungsstrategie: Die Antriebssystemprüfung (ASP 1.0)

4.1 Die Methodik der Antriebssystemprüfung (ASP 1.0)

Die Antriebssystemprüfung ist ein im Rahmen dieser Arbeit neuentwickelter Testbaustein, der in die ganzheitliche Erprobungsstrategie eingeführt wird und der grau eingefärbten Antriebsstrangebene in **Abbildung 26** zuzuordnen ist. Ziel der ASP 1.0 ist es das Zusammenspiel aller Subsysteme des Antriebsstranges einer Fahrzeugcharge noch vor dem Einsatz im Fahrzeug zu erproben und damit die Reife des Antriebs im Gesamtverbund und somit des Antriebsstrangs zu erhöhen (**Abbildung 34**). Die Erprobung findet im Niederlastbereich auf einem Prüfstand statt und wird jeweils zu den wesentlichen Hard- und Softwareupdates im Produktentstehungsprozess (den Fahrzeugchargen) durchgeführt. Hierbei werden die Bauteilhardware, Steuergerätehardware und Steuergerätesoftware jedes Subsystems eingesetzt. Hierdurch können die Inbetriebnahmeumfänge der Fahrzeugprototypen reduziert werden. Die Antriebssystemprüfung trägt somit zum Ausbau der integrativen Erprobung auf Antriebsstrangebene bei.

Der Fokus der Antriebssystemprüfung liegt in der Validierung der Funktionalität des Antriebsstranges als Gesamtsystem aus Subsystemen. Daher ist der hierfür eingesetzte Testkatalog kein fortlaufendes Prüfprogramm, sondern eine Summe unterschiedlicher Funktions-, Schnittstellen- und Netzwerkerprobungen. Die Erprobung der mechanischen Dauerhaltbarkeit ist nicht der Fokus der Antriebssystemprüfung.

Ein wesentlicher Aspekt bei der Implementierung der ASP 1.0 in den Produktentstehungsprozess ist die Verfügbarkeit der jeweiligen aktuellen Hard- und Software. Dies bedeutet, dass beispielsweise der Antriebsstrang der Fahrzeugcharge 1 vollständig auf einem Antriebsstrangprüfstand verfügbar sein muss, wo dieser erprobt wird, noch bevor die erste Fahrzeugcharge 1 vorliegt.

© Der/die Autor(en), exklusiv lizenziert an
Springer Fachmedien Wiesbaden GmbH, ein Teil von Springer Nature 2025
F. Lindner Akkaya, *Ganzheitliche Erprobungsmethodik für elektrifizierte Fahrzeugantriebe im Produktentstehungsprozess*, Wissenschaftliche Reihe Fahrzeugtechnik Universität Stuttgart,
https://doi.org/10.1007/978-3-658-46899-6_4

Dies macht Frontloading im Produktentstehungsprozess möglich. Dementsprechend erhält die Fahrzeugcharge 1 einen Antriebsstrang mit einem höheren Gesamttreifegrad, anders als im Fall der Erprobung direkt nach der Subsystemebene in der Fahrzeugebene. Dies führt allerdings zur Notwendigkeit eines guten Projekt- und Teilemanagements, um diese wesentlichen Rahmenbedingungen für die Antriebssystemprüfung zu erfüllen.

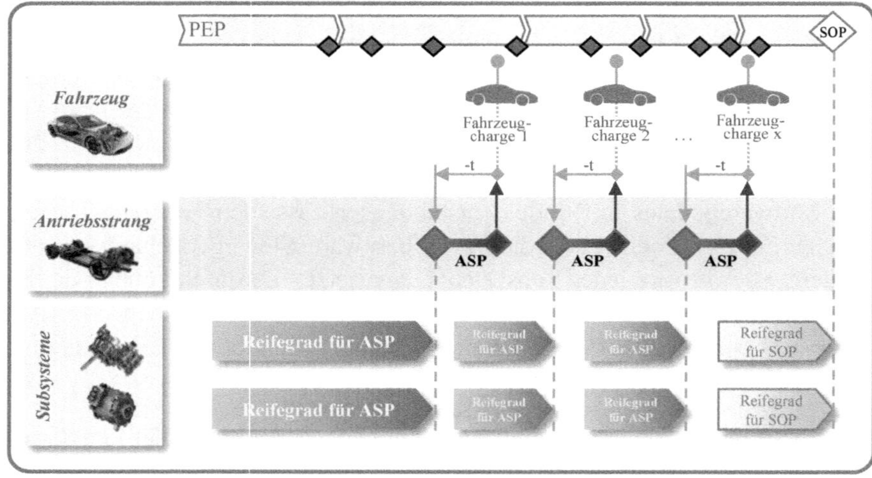

Abbildung 34: Konzept der Antriebssystemprüfung (ASP 1.0) [71]

Abbildung 35 zeigt die Klassifizierung der Antriebssystemprüfung als ein Testelement im aufsteigenden Ast des V-Modells. Der Einsatz der hier dargestellten Erprobungswerkzeuge ist nicht zwingend chronologisch aber teilweise parallel bzw. überlappend in den unterschiedlichen Systemebenen. Die ASP 1.0 wird systematisch im PEP für Fahrzeugprojekte eingesetzt, um die integrative Erprobung zu erweitern.

In die hier beschriebene Methodik der ASP 1.0 wurde teilweise in Akkaya [72] eingeführt.

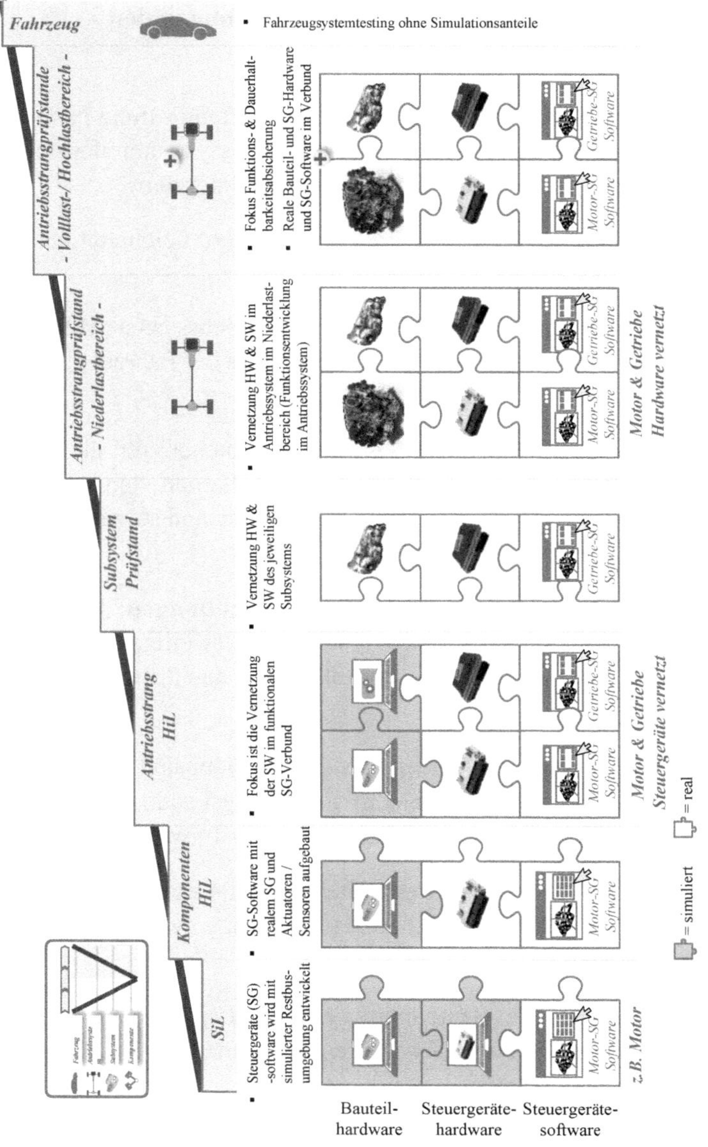

Abbildung 35: Klassifizierung der Antriebssytemprüfung im aufsteigenden Ast des V-Modells [71]

4.1.1　Verankerung der Antriebssystemprüfung in den Antriebssystemmeilensteinen

Um die nachhaltige Verankerung der Antriebssystemprüfung in der Antriebssystemebene zu stärken, sind diese in den Antriebssystemmeilensteinen (siehe Kapitel 3.4) zu den jeweiligen Fahrzeugchargen integriert.

In der frühen Phase des PEP (zur Produktdefinition) beinhaltet der erste Meilenstein bzgl. der ASP 1.0 folgende Kriterien:

- **Finanzielle Aufplanung / Budget:** Die Antriebssystemprüfungen für die jeweiligen Fahrzeugchargen sind finanziell in der Fahrzeugprojektaufplanung berücksichtigt und Budget ist vorgehalten.

- **Verantwortlichkeiten:** Die Verantwortlichkeiten für die Antriebssystemprüfungen zu den jeweiligen Fahrzeugchargen sind definiert und in einer AKV dokumentiert. Personalkapazitäten sind sowohl entwicklungsseitig- und prüffeldseitig eingeplant.

- **Erprobungszeitpunkte / Anzahl der Erprobungen:** Die Erprobungszeitpunkte und Anzahl der ASP sind für die jeweiligen Fahrzeugchargen festgelegt. Diese sind als Bedarfsmeldung an den Prüfstandsbereich kommuniziert worden.

- **Erprobungsinhalte:** Die integrativen Erprobungsinhalte der ASP sind in der Erprobungsplanung in einem Erprobungskatalog zusammengestellt und mit den Schnittstellenbereichen abgestimmt worden.

Alle weiteren ASP-Meilensteine enthalten folgende analoge Kriterien, welche jeweils zeitlich vor der entsprechenden Fahrzeugentwicklungscharge liegen (siehe **Abbildung 34**):

- **Kompatibiliät:** Die Bauteilhardware, Steuergerätehardware und Software des Antriebsverbundes für den Prüfstandsversuch entsprechen der Fahrzeugcharge [x].

- **Aufbau:** Bauteilhardware (mechanische Antriebskomponenten) und Steuergerätehardware liegen gemäß der Stückliste erprobungsfähig vor. Ein erprobungsfähiger Softwaredatenstand aller Antriebssteuergeräte liegt vor. Mechanische Prüfstandsadaptionen liegen vor. Rest-Bus-Simulation liegt vor.

- **Verantwortlichkeiten:** Die beteiligten Personen und Bereiche sind gemäß dem OTEC-Modell (siehe Kapitel 4.1.3) benannt und dokumentiert.

- **Erprobungsinhalte:** Die integrativen Erprobungsinhalte der ASP für die Fahrzeugcharge [x] sind in der Erprobungsplanung in einem Erprobungskatalog zusammengestellt und mit den Schnittstellenbereichen abgestimmt. Die Erprobungen auf dem Antriebsstrangprüfstand sind gemäß des Phasenmodells (siehe Kapitel 4.1.2) durchgeführt.

- **Reifegrad:** Die Erstinbetriebnahme des Hardware- und Softwareverbundes der Fahrzeugcharge [x] im Antriebssystem ist durchgeführt und appliziert. Das Zusammenspiel aller Antriebskomponenten im Verbund ist in Betrieb genommen und liegt nun validiert vor. Ein fahrfähiger Programm- und Datenstand für die Fahrzeugcharge [x] liegt nun vor. Die Programmstandsfunktionalitäten aller Steuergeräte wurde durch die ASP validiert.

4.1.2 Phasenmodell für die ASP 1.0 auf Antriebsstrangprüfständen

Um die interdisziplinäre Antriebssystemprüfung zwischen den diversen Entwicklungsbereichen und dem Prüfbereich auf Antriebsstrangprüfständen effektiv und integrativ zu realisieren, wurde im Rahmen dieser Arbeit ein generisches Phasenmodell ausgearbeitet und implementiert. Die ASP 1.0 wird hierbei in sieben Phasen eingeteilt: die Bedarfsplanung, die terminliche Einplanung, die Prüflaufvorbereitung, der Aufbau (außerhalb und innerhalb der Prüfzelle), die Erprobungsdurchführung und der Abschluss. Im Folgenden werden die einzelnen Phasen näher erläutert.

- **Phase 1 - Bedarfsplanung:** In dieser frühen Phase ist der Prüfbedarf des Entwicklungsbereiches an den Prüfstandsbereich zu melden. Hierbei ist eine aktive Einbindung der Prüfstandsbereiche in den Entwicklungsprozess und in die aktuellen Fahrzeugprojekte erforderlich, um etwaige frühzeitige prüftechnische Erweiterungen durch Investitionen zu planen und umzusetzen. Vor allem beim Einsatz neuer Technologien in den Fahrzeugentwicklungen ergeben sich neue prüftechnische Anforderungen an die jeweilige Prüfstandseinrichtung. In einem aktiven Dialog zwischen Entwicklungsingenieuren und Prüfstandsingenieuren steht als Ergebnis dieser Phase fest, WAS (welcher Prüfling), WANN (grobes Erprobungszeitfenster) und WIE (Prüffokus bzw. Prüfprogramm) getestet werden soll.

- **Phase 2 - Terminliche Einplanung:** In der Phase der terminlichen Einplanung ist dem gemeldeten Prüfbedarf (WAS soll WANN und WIE getestet werden) eine geeignete und eindeutige Prüfressource (WOMIT wird getestet) zuzuweisen. Der prüfstandsbetreuende Prüfstandsingenieur ist der Werkzeugexperte und hat mit dem enstprechenden Prüflingsexperten (dem Entwicklungsingenieur) in gemeinsamer Abstimmung mit dem weiteren involvierten Team zur Erprobung, ein zeitlich genaues Prüfzeitfenster terminlich einzuplanen.

- **Phase 3 - Prüflaufvorbereitung:** Zunächst ist hierbei die Festlegung und Dokumentation aller beteiligten Personen des Prüflaufes mit einer AKV-Matrix (Aufgaben, Kompetenz, Verantwortung) einschl. einer Kontaktliste (Name und Rolle) notwendig.Seitens des Prüffeldes sind neben dem Prüfstandsingenieur auch Prüfstandsbediener, Aufbaumechaniker, Teilelogistiker, KFZ-Elektriker, Messtechniker, Simulationsmodellingenieure und Konstruktionsingenieure an der Erprobung beteiligt. Seitens des Auftraggebers der Erprobung bzw. der Entwicklung sind weitere Entwicklungsingenieure je nach Prüflingsumfang (physisch und virtuell) involviert. Der Tandempartner seitens des Prüffeldes (der Prüfstandsingenieur) und der Tandempartner seitens der Entwicklung (der Entwicklungsingenieur) sind ein eng zusammenarbeitendes Tandem, welche wiederrum alle weiteren involvierten Teammitglieder für die Erprobung ansteuern. Mit diesem Erprobungsteam ist ein Prüflauf-Kickoff Meeting durchzuführen. Dieses ist durch Dokumentenvorlagen (beispielsweise Gant Diagramme oder Task-Management-Tools) und Methoden des Projektmanagementes zu unterstützen. Hierbei sind Meilensteine und Arbeitsergebnisse durch die diversen Mitwirkenden (Rollen) sowohl zeitlich als auch inhaltlich zu definieren und gemeinsam zu verabschieden. Die Zugriffe einer gemeinsamen Informations- und Datenablage sind zu vergeben. Ein Regelturnus zur Nachverfolgung der Meilensteine ist zu etablieren. Es sind beispielhaft folgende Umfänge zu definieren:

a) Physischer Prüflingsaufbau: Festlegung der Prüflingsteile und weiterer notwendiger Fahrzeugteile (Hardware und Steuergerätehardware wie Steuergeräte, Hochvoltkabel und der Fahrzeugkabelbaum), Festlegung notwendiger Umbauten / Anpassungen für die Nutzung am Prüfstand (z.B. Ladeluftkühler oder Abgasanlagen), Festlegung notwendiger Adaptionsteile (z.B. Halter oder Flansche), Festlegung der notwendigen Datenstände (Software), Informationen zum Fahrzeugbetrieb (z.B. Kühlmittel- / Ölbefüllungen und -stände, Aufbau- und Montageinformationen)

b) Simulationsumfänge: Erstellung der Restbussimulation, Festlegung der Simulationsmodelle für nicht vorhandene Hardware, Verfügbarkeit der Fahrzeugkenndaten

c) Messmittelumfänge: Festlegung der Messstellen / Grenzwerte / Positionen, Definition etwaiger zusätzlicher prüfzellenunabhängiger Messtechnik (mobiler Messtechnik)

d) Prüfprogrammerstellung bzw. Implementierung / Übersetzung in das Betriebs-/Automatisierungssystem des Prüfstandes

▪ **Phase 4 - Aufbau (außerhalb und innerhalb der Prüfzelle):** Die Aufbauarbeiten der Prüflinge erfolgen möglichst außerhalb der Prüfzellen. Da diese hinsichtlich ihrer Belegungs- und Nutzungszeit wertvolle Ressourcen zur Generierung von Entwicklungsdaten im Betrieb und nicht im Stillstand sind. Die Nutzung eines mobilen Palettensystems bietet sich hierbei an. Dabei erfolgt der Aufbau der Prüflinge auf einer mobilen Transportpalette (siehe **Abbildung 36**) außerhalb der Prüfzelle in einem separaten Werkstattvorbereitungsbereich. Die Transportpalette ist mit einem Schnellkupplungssystem zur Medienversorgung (beispielsweise für Kraftstoff und Kühlflüssigkeit) ausgestattet. Sowohl in der Prüfzelle als auch im Werkstattvorbereitungsbereich sind die entsprechenden Dockingstationen zu installieren, um Medienbefüllungen oder Dichtheitsprüfungen nach dem Aufbau der Prüflinge auf der Palette durchzuführen.

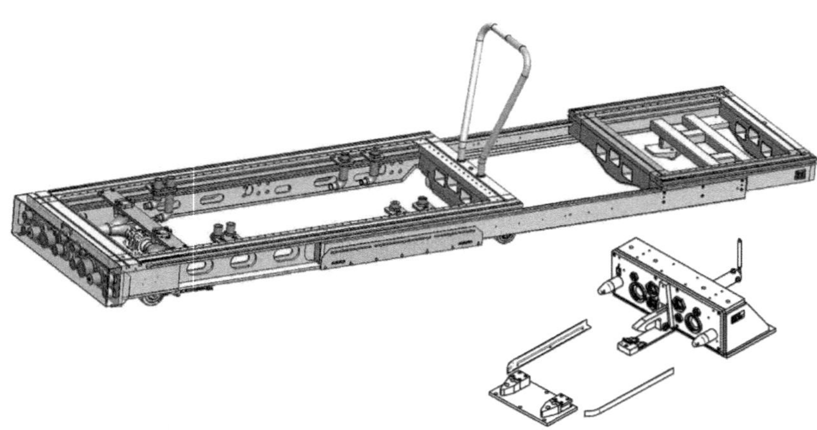

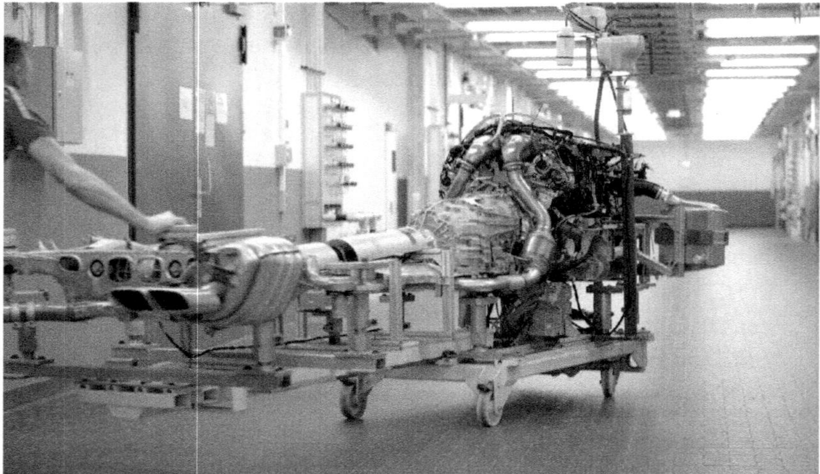

Abbildung 36: Beispielhafte mobile Prüfstandstransportpalette (ausfahrbare Langpalette) mit Schnellkupplungen und einer Dockingstation zur Aufnahme mit einem hybriden Fahrzeugantriebsstrang ([73], [74])

Beim Aufbau außerhalb der Prüfzelle sind alle vorkommissionierten physischen Komponenten auf der Transportpalette aufzubauen und anzuschließen, einschließlich der Verkabelungen, Steuergeräte und Messstellen. Etwaige Fehl- oder Falschteile sind in Fehlteilelisten zu dokumentieren und in den zuvor etablierten Regelrunden nachzuverfolgen. Der Unterbau zur Aufnahme von Lagerstellen und Tragarmen wird mithilfe von Palettenfüßen (Stützfüßen) erstellt (siehe **Abbildung 37**). Idealerweise erfolgt der Aufbau analog zu den Fahrzeugkoordinaten. Gegebenfalls müssen nach räumlicher Größe der Prüfstandszellen hierbei Anpassungen und Adaptionen erfolgen, wie beispielsweise die Verkürzung der Abgasanlagen.

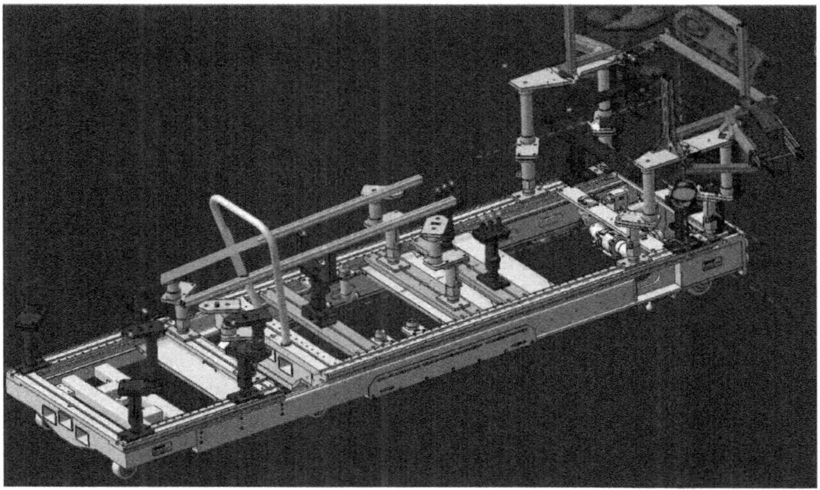

Abbildung 37: Stützfüße (Palettenfüße) auf einer Transportpalette [73]

Vor der Einbringung in die Prüfstandszelle ist für den Gesamtaufbau auf der Transportpalette eine Aufbau-Klausur mit allen Erprobungsbeteiligten durchzuführen und der Aufbau für i.O. zu deklarieren bzw. freizugeben. Nach Einbringung in die Prüfstandszelle erfolgen weitere Aufbaumaßnahmen im Prüfstand wie beispielsweise:

- die Positionierung von Luftansaugungen, Zusatzluftkühlern und etwaiger Abgasperipherie

- die mechanische Anbindung des Prüflings an die Prüfstandslastmaschinen (Wellenflansche)

- die elektrische Verkabelung der Applikationssysteme, der Messtechnik und der Hochvoltsysteme (an eine reale Fahrzeugbatterie oder eine Batteriesimulation)

■ **Phase 5 - Inbetriebnahme:** Die Inbetriebnahme wird in der eigentlichen Prüfzelle oder an separaten Inbetriebnahmestationen bzw. -zellen (Kleinlastprüfstände zur Vorbereitung der Erprobung) durchgeführt. Hierbei sind die Steuergerätedatenstände zu überprüfen, die Restbussimulation einzurichten und die Messtechnik über die Prüfstandssteuerung zu konfigurieren, sodass eine fehlerfreie elektrische Kommunikation der Komponenten des Prüfaufbaus sichergestellt wird. Des Weiteren sind stufenweise eine lastfreie Prüfmessung, eine Teillastprüfmessung und ggf. (je nach Prüfressource) eine Volllastprüfmessung durchzuführen und die Funktionalität der Komponenten dabei zu prüfen (beispielsweise die Plausibilisierung der Schaltungen des Getriebes). Bei unbemannten / automatisierten Prüfläufen wird zusätzlich das Prüfprogramm Inbetrieb genommen. Bei vollständiger Funktionsfähigkeit ist vom Erprobungsteam der Beginn der Erprobungsdurchführung freizugeben.

■ **Phase 6 - Durchführung:** Während der Durchführung der Erprobung sind Wartungen (z.B. Sicht- und Ölkontrollen) durchzuführen. Für den Fall von auftretenden Fehlern am Prüfstand oder dem Umgang von Schäden am Prüfling sind Meldeketten und Verantwortlichkeiten zwischen den Erprobungsbeteiligten zu definieren, um Stillstandszeiten zu minimieren. Die Vorgänge am Prüfstand sollten täglich in Form eines Kurzstatus beschrieben werden. Die Messergebnisse sind in zuvor definierten Prozessen und Datenablagen dem Erprobungsteam zur Verfügung zu stellen.

■ **Phase 7 - Abschluss:** Zum Abschluss der Erprobung sind Aufbaudokumentationen des Prüfaufbaus zu erstellen und der weitere Verbleib bzw. die Weiterverwendung der Komponenten durch das Erprobungsteam festzulegen. Zudem ist der Erprobungsbericht zu erstellen. Zum Abbau des Prüfaufbaus wird die Prüfzelle für weitere Erprobungen freigeben. Die Demontage und der Rückbau auf der Transportpalette erfolgt im separaten Werkstattbereich.

4.1.3 Interdisziplinäres Zusammenarbeitsmodell für die ASP 1.0 | Das OTEC-Modell

Der Betrieb und die Durchführung von Erprobungen an hochkomplexen Prüfständen umfasst eine hohe Betreuungskomplexität durch diverse Rollen, welche in **Tabelle 2** aufgeführt sind. Die hierbei dargestellten Kennzahlen wurden empirisch anhand systematischer Analysen und Auswertungen von durchgeführten Prüfstandsprüfläufen ermittelt und mit strukturierten Experteninterviews ergänzt und validiert. Bei der Einheit handelt es sich um das Vollzeitäquivalent (VZÄ). Ein VZÄ entspricht dabei einer Vollzeitkraft mit 40h/Woche mit einer fünftägigen Arbeitswoche. Zu den Prüfständen mit hoher Komplexität zählen u.a. hochdynamische Antriebsstrangprüfstände (für elektrifizierte Antriebe) mit teils realer Fahrzeugbatterie. Zu Prüfständen mit geringerer Komplexität zählen unter anderem Komponenten- und Subsystemprüfstände (z.B. Getriebeprüfstände, E-Maschinen Prüfstände, Batterieprüfstände).

Je nach Organisationsform der Entwicklung und Umfang des Prüflings der Erprobung zählen zum Erprobungsteam seitens Auftraggeber (Entwicklung) weitere diverse Entwicklungsingenieure der Subsysteme des Antriebsstranges: Mechanik-, Steuergeräte-, Applikations-, Softwareingenieure. Im Falle einer hybriden Antriebsstrangtopologie kann dies schnell mehrere Duzent Personen umfassen. Selbst die ASP an einem rein elektrischen Fahrzeugantriebsstrang liegt in einer ähnlichen Größenordnung.

Die Kombination aus der Komplexität der Prüflinge, des Prüfstandes und der hierdurch diversen kollaborierenden Personen des Erprobungsteams (sowohl seitens des Prüffeldes als auch seitens der Entwicklung) bei der Antriebssystemprüfung machen eine effiziente und effektive Zusammenarbeit in einem interdisziplinären Team daher zwingend erforderlich ([75, 76]). Um dies zu unterstützen, wurde im Rahmen dieser Arbeit ein Zusammenarbeits- und Kommunikationsmodell entwickelt:

- das **OTEC-Modell** (one test expert for the customer) -

Während der sieben Erprobungsphasen (siehe Kapitel 4.1.2) ist eine enge Zusammenarbeit des Prüffeldes mit der Entwicklung in einem interdisziplinären Tandem essenziell. Im OTEC-Modell steht für die beauftragende Entwicklung

(Kunde des Prüffeldes) während der Erprobung ein zentraler Expertenansprechpartner aus dem Prüffeld zur Verfügung. Dieser Tandempartner des Prüffeldes trägt die Expertenkompetenz für die Leitfragestellung „WOMIT" erprobt werden soll. Seitens der Entwicklung ist der Tandempartner der Entwicklungsingenieur, welcher die Expertenkompetenz für die Leitfragestellungen „WAS erproben wir?", „WIE erproben wir?" und „WANN erproben wir?" besitzt. Gemeinsam im Tandem sind alle Leitfragestellungen (siehe Kapitel 3.2) zu besprechen und die weitere Fragestellung „WOZU dient die Erprobung?" abzustimmen. In diesem OTEC-Modell ist es möglich das am besten geeignete Werkzeug für die Prüfaufgabe zu finden und anzuwenden.

Die Effizienz und Effektivität in der Zusammenarbeit bei Erprobungen wird unter anderem maßgeblich durch transparente, agile und schnelle Entscheidungsfindungen und -umsetzungen beeinflusst ([77], [78], [79]). In jeder Phase der Erprobung (siehe Kapitel 4.1.2) stellt das OTEC-Modell hierbei klare und direkte Ansprechpartner seitens des Prüffeldes und seitens der Entwicklung zur Verfügung. Der Prüffeldtandempartner ist dabei ein mitdenkender Teamplayer, der aktiv an der besten Lösungsfindung beteiligt und mitwirkt und den Lösungsraum für das optimale Werkzeug eröffnet. Das OTEC-Modell als Zusammenarbeitsmodell gekoppelt mit dem Manufakturprinzip als Organisationsform zeigte in der Praxisanwendung im Rahmen dieser Arbeit eine Erhöhung der Effizienz, Abstimmungen mit kurzen Wegen und klaren Ansprechpartnern und die Förderung des Zusammenhaltes als Teamgedanke des Erprobungsteams. Dies ist für die Entwicklung und den Betrieb von hochkomplexen Erprobungswerkzeugen und Entwicklungs-/ Erprobungsaufgaben essenziell.

Tabelle 2:   Vollzeitäquivalent für den Betrieb und die Durchführung von Erprobungen auf Prüfständen mit hoher und geringerer Komplexität

Berufsgruppeninvolvierung aus dem Prüffeld für	Prüfstände mit hoher Komplexität	Prüfstände mit geringerer Komplexität
Bedarfsplaner	0,2 VZÄ	0,1 VZÄ
Prüfstandsingenieur	0,7 VZÄ	0,4 VZÄ
Simulationsmodellingenieur	0,1 VZÄ	0,05 VZÄ
Prüfstandsbediener	0,6 VZÄ	0,45 VZÄ
Aufbaumechaniker	0,5 VZÄ	0,3 VZÄ
Teilelogistiker	0,1 VZÄ	0,05 VZÄ
Konstruktionsingenieur	0,1 VZÄ	0,05 VZÄ
Messtechniker	0,3 VZÄ	0,2 VZÄ
KFZ-Elektriker	0,4 VZÄ	0,3 VZÄ
Gebäudetechniker (Haustechniker)	0,3 VZÄ	0,3 VZÄ
	3,3 VZÄ	**2,4 VZÄ**

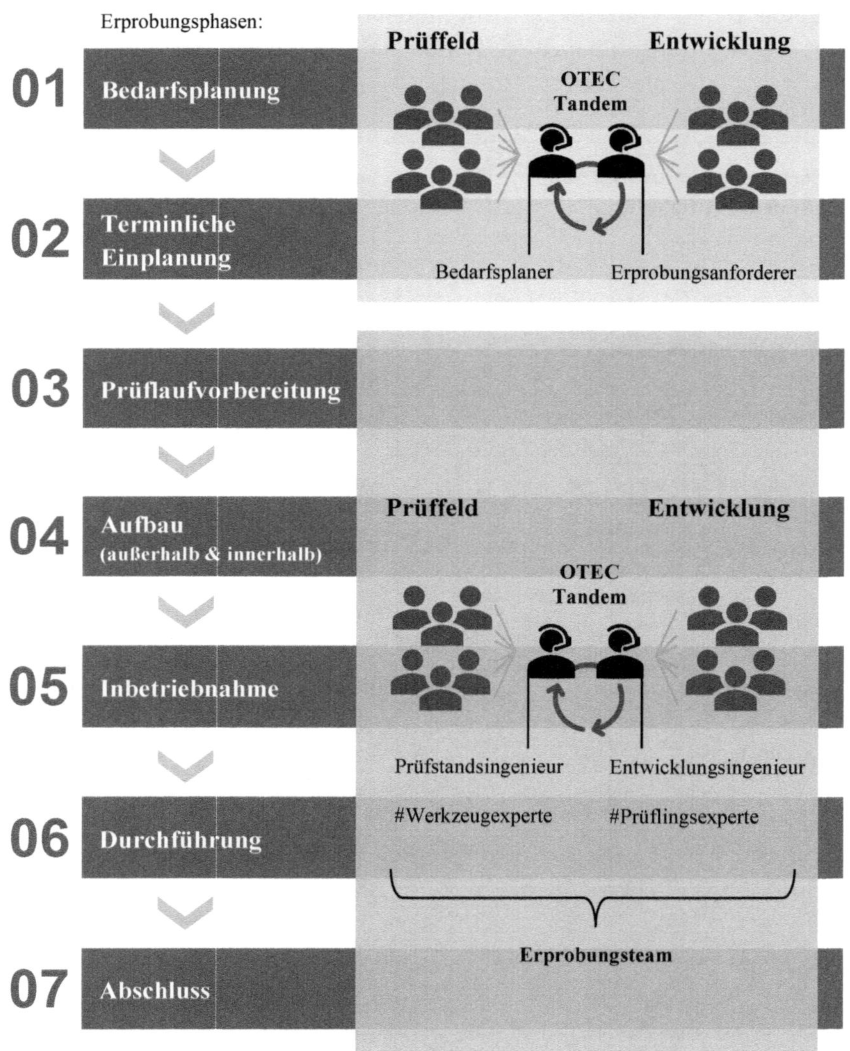

Abbildung 38: Das OTEC-Modell während der sieben Erprobungsphasen

4.2   ASP 2.0 – Ausbaustufe zur Dauerbelegung auf dem hochdynamischen Allradprüfstand

Die Antriebssystemprüfung (ASP 1.0) fokusiert überwiegend die erstmalige Inbetriebnahme des Antriebsverbundes von Software und Hardware auf einem Niederlastprüfstand zu den jeweiligen Fahrzeugchargen. Eine weitere Ausbaustufe der Methodik ist die ASP 2.0. Hierbei wird im PEP parallel zu den Fahrzeugchargen kontinuierlich ein hochdynamischer Allradprüfstand als „virtuelles Fahrzeug" belegt. Die höhere Leistungsfähigkeit des Erprobungswerkzeuges ermöglicht weitaus mehr applikative Tätigkeiten und einen hierdurch noch größeren Reifegradsprung vor dem Fahrzeugeinsatz für das Antriebssystem im Verbund. Die Antriebshardware und -software wird zu den jeweiligen Fahrzeugchargen aktualisiert. Hierfür wird das Phasenmodell (siehe Kapitel 4.1.2) modifiziert, um eine fortlaufende Belegung zu ermöglichen, die wiederholte Bauteilwechsel und Umbauten während der Erprobung sowie Funktionsprüfungen in verschiedenen Iterationen umfasst. Ebenfalls wird das OTEC-Modell (siehe Kapitel 4.1.3) für die ASP 2.0 adaptiert, in dem der zentrale Ansprechpartner auf Seiten der Entwickler für jede einzelne Erprobung rotierend gewechselt.

Beide Ausbaustufen der Methodik (sowohl ASP 1.0 als auch ASP 2.0) wurden erfolgreich in der Praxis implementiert und die Erfahrungen werden hierzu in den folgenden Kapiteln beschrieben.

4.3   Beispielhafter Einsatz der Antriebssystemprüfung (ASP 1.0 und ASP 2.0) in Fahrzeugprojekten

Die Antriebssystemprüfung (ASP 1.0) und die weitere Ausbaustufe ASP 2.0 wurden in mehreren Fahrzeugprojekten eingesetzt und ist nun fortlaufend ein fester Bestandteil der ganzheitlichen Erprobungsstrategie der Porsche AG. Die erstmalige Anwendung erfolgte in einem rein elektrischen Fahrzeugantriebsstrang und einem hybriden Fahrzeugantriebsstrang. Diese werden im Weiteren als Ersteinsetzer bezeichnet. Bei den Folge-Fahrzeugprojekten (Folgeeinsetzer) handelte es sich um rein elektrische Antriebsstrangtopologien.

Eine bedeutende Herausforderung der Ersteinsetzer war die Verfügbarkeit der passenden Bauteilhardware, Steuergerätehardware und -software zum jeweiligen Erprobungszeitpunkt, welche dem Stand der entsprechenden Fahrzeugcharge entsprechen muss. Hinsichtlich der Bauteilhardware wurde der vollständige Antriebsstrang (von der Drehmomentquelle bis zum Radflansch) fahrzeugnah aufgebaut. Hierbei wurde auch der Fahrschemel zur Lagerung der Aggregate verwendet. Zudem wurden alle weiteren Hochvoltkomponenten (siehe Kapitel 2.1.1.6 und 2.1.2.5) am Prüfstand aufgebaut.

Die ASP 1.0 und ASP 2.0 fanden an Antriebsstrangprüfständen statt. Die hierbei eingesetzten Prüfstandstypen werden in den folgenden Kapiteln beschrieben.

4.3.1   ASP 1.0 am Niederlast-Allradprüfstand

Bei dem hier genutzten Niederlast-Allradprüfstand (siehe **Abbildung 39**) handelt es sich um eine Prüfressource (gemäß **Abbildung 24:**Kategorisierung von Antriebsprüfständen) mit vier Abtriebsmaschinen bzw. Radmaschinen (A4), welche sowohl mit einem hybriden als auch einem rein elektrischen Fahrzeugantriebsstrang nutzbar ist. Das Leistungsklassenspektrum (Nennleistungen) pro Radmaschine liegt bei ~ 40 kW und einem maximalen Radmoment von 1200 Nm und 1000 1/min. Der Prüfstand ist mit einer Batteriesimulation (einschl. einem Batteriemodell), einer Restbussimulation und individuell regelbaren Konditionieranlagen ausgestattet. Die Prüfaufbauten erfolgen (siehe **Abbildung 36**) auf einem mobilen Palettensystem. Die Prüfstandssteuerung erlaubt neben automatisierten Fahrmanövern auch typisierungsrelevante Zyklusmessungen (wie z.B. NEFZ oder WLTP), jedoch kann keine Straßenfahrt abgebildet werden.

Abbildung 39: Niederlast Allradprüfstand [74]

4.3.2　ASP 2.0 am hochdynamischen Allradprüfstand

Die genutzten hochdynamischen Allradprüfstände (siehe **Abbildung 40**) ermöglichten im Vergleich zu dem Niederlast-Allradprüfstand, die Realisierung von Straßenfahrten und realen hochdynamischen Fahrmanövern durch die echtzeitfähige Fahrzeug-, Reifenschlupf- und Lenkwinkelsimulation. Die Leistungsklasse liegt mit Radmomenten von rund 7000 Nm und Raddrehzahlen von bis zu 3500 1/min deutlich höher. Hierdurch sind beispielweise Volllast- und Hochlastapplikationen wie Rennstarts oder Bauteilschutzapplikationen möglich. Das mobile Palettensystem gewährleistete einen effizienten Prüflingsaufbau außerhalb der Prüfzelle gemäß des entwickelten Phasenmodells (siehe Kapitel 4.1.2). Diverse einzel regelbare Konditionieranlagen ermöglichen das Thermomanagement der Antriebsstrangkomponenten. Neben der vollständigen Bauteilhardware und Steuergerätehardware des Antriebsstranges sind auch alle Hochvoltkomponenten aufgebaut (siehe Kapitel 2.1.1 und 2.1.2). Die Prüfaufbauten wurden mit umfangreicher Messtechnik zu Leistungen, Drücken, Schwingungen und Temperaturen ausgestattet. Die Zugänglichkeit der Komponenten, aber auch die Wechselmöglichkeiten im Vergleich zum Fahrzeug waren hierbei von großem Vorteil.

Abbildung 40: Hochdynamischer Allradprüfstand [10]

Die leistungsstarke Batteriesimulation mit integriertem echtzeitfähigen Batteriemodell vervollständigt gemeinsam mit der ebenfalls echtzeitfähigen Restbussimulation die fahrzeugnahen Bedingungen der Prüfstandserprobung. Eine Besonderheit stellt jedoch die Möglichkeit dar, auch die reale Fahrzeugbatterie an den Antriebsstrangprüfstand anzuschließen und nutzen zu können. Diese befindet sich in einer hermetisch abgeschlossenen und temperierbaren Batteriebox (siehe **Abbildung 41**) und ist mit dem Allradprüfstand gekoppelt. Zudem ist eine Ladesäulensimulation mit diversen länderspezifischen Anschlüssen und Standards verfügbar, mit der das Laden der HV-Batterie mit bis zu 350 kW möglich ist.

Abbildung 41: Reale Hochvoltbatterie in einer Batteriebox unterhalb der Prüfzelle [74]

4.3.3　Qualitative Evaluierung der angewendeten Methode der Antriebssystemprüfung (ASP 1.0) und ASP 2.0 mittels einer Expertenumfrage (n=44)

In der vorliegenden Untersuchung wurde die zuvor beschriebene Methodik der Antriebssystemprüfung (siehe Kapitel 4) auf ihre Anwendbarkeit hin geprüft. Eine maßgebliche Komponente dieser Evaluierung bildet die Rückmeldung seitens der Anwender / Nutzer dieser Methodik, wodurch ein breites Meinungsbild mittels einer empirischen Expertenumfrage entstand.

Der Aufbau und Inhalt der Expertenumfrage ist vollständig in Anhang 2 – Fragebogen zum Erfahrungsbericht der Antriebssystemprüfung (ASP 1.0 und ASP 2.0) zu finden. Im Folgenden werden die detaillierten Ergebnisse dieser Evaluation präsentiert und ihre Implikationen für die künftige Anwendung der Methodik diskutiert.

Die 44 Teilnehmer der Expertenbefragung waren sowohl Prüfstandsingenieure des Prüffeldes als auch Entwicklungsingenieure der Entwicklungsbereiche, welche aktiv bei der Durchführung der Antriebssystemprüfung beteiligt waren. Sie verfügen über fachliche Expertise und berufliche Erfahrung der Antriebsstrangenwicklung und -erprobung, um wesentliche Einschätzungen zur Umfrage abzugeben.

Die Umfrageergebnisse sind anhand der jeweiligen Ausbaustufe der ASP in 2 Kategorien eingeteilt:

- Die erstmalige Anwendung der ASP 1.0 in einem Fahrzeugprojekt, welches als Ersteinsetzer bezeichnet wird. Hierbei gab es sowohl ein Fahrzeugprojekt mit einem rein elektrischen Antriebsstrang als auch eines mit einem hybriden Antriebsstrang.

- Und die Anwendung der ASP 2.0 in Folgefahrzeugprojekten, welche als Folgeeinsetzer bezeichnet werden und eine rein elektrische Antriebsstrangtopologie haben.

Umfrageergebnisse zu ASP 1.0 bei Fahrzeug-Ersteinsetzerprojekten

Bei dem Umfrageergebnis der ASP 1.0 der Ersteinsetzer lag der Arbeitsbereich der Befragten zu 65% in der Produktentwicklung und zu 35% im Prüffeld (siehe **Abbildung 42**). Der überwiegende Teil (70%) der Befragten waren hierbei bei der Umsetzung der ASP 1.0 in dem Ersteinsetzer-Fahrzeugprojekt mit einem rein elektrischen Fahrzeugantriebsstrang beteiligt und 30% bei einem hybriden Antriebsstrang. Der überwiegend genutzte Prüfstand zur ASP 1.0 am Ersteinsetzer-Fahrzeugprojekt war ein Niederlast-Allradprüfstand.

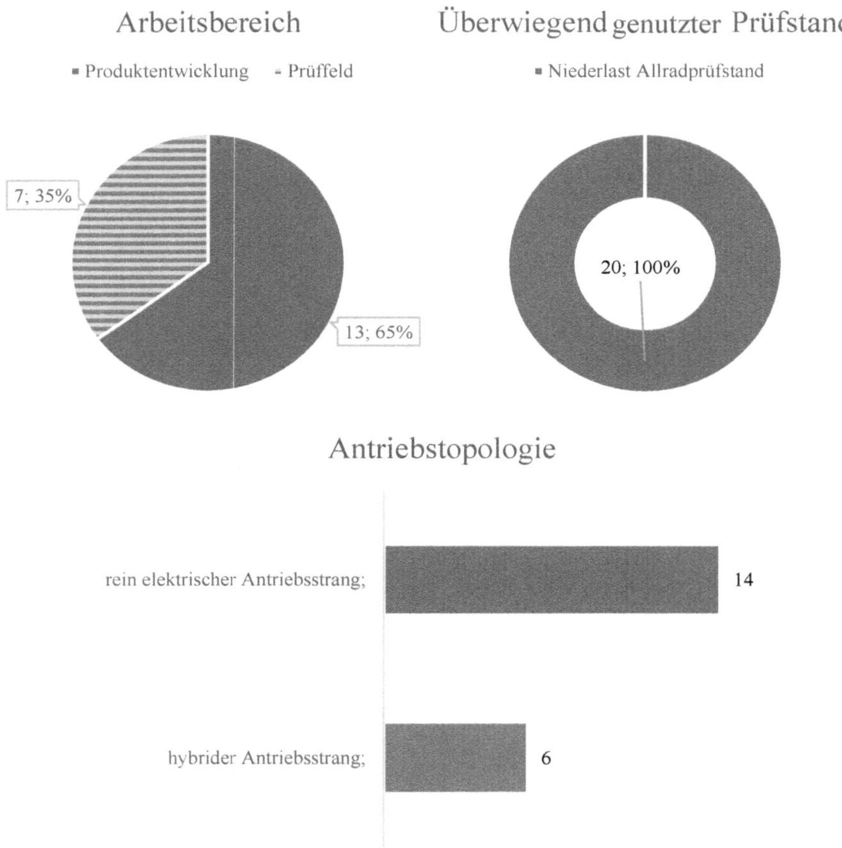

Abbildung 42: Umfrageergebnisse hinsichtlich des Arbeitsbereiches, der überwiegend genutzten Prüfressource und der Antriebstopologie der ASP 1.0 Ersteinsetzer

Abbildung 43 zeigt die Einschätzungen der Befragten hinsichtlich diverser Fragestellungen zur Anwendung der Methodik der ASP 1.0 bei Ersteinsetzer-Fahrzeugprojekten. Hierbei sahen alle Befragten eine maßgebliche Unterstützung des Frontloadings in der Antriebsentwicklung durch die Anwendung der ASP 1.0. Des Weiteren wurden signifikante Auswirkungen auf die Reduzierung der Fehlersuche bei nichtfahrbereiten Prototypenfahrzeugen ermittelt, wobei 30 Prozent der Befragten dies als wesentlich und 70 Prozent als maßgeblich einstuften. In Bezug auf die Reduzierung der Fahrzeugerstinbetriebnahmedauer bei Prototypenfahrzeugen bewerteten 80 Prozent der Befragten die ASP 1.0 als maßgeblich und 20 Prozent als wesentlich. Zusätzlich wurde die ASP 1.0 mehrheitlich als maßgeblicher Faktor (90 Prozent) zur Steigerung des Reifegrads der jeweiligen Fahrzeugcharge bewertet, während 10 Prozent der Befragten sie als wesentlich ansahen.

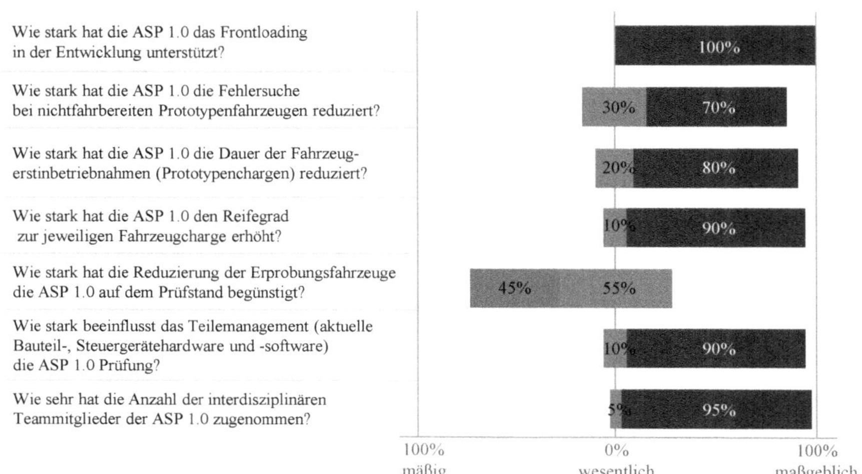

Abbildung 43: Einschätzung der Befragten zur ASP 1.0 bei dem Ersteinsetzer-Fahrzeugprojekten

Die Reduzierung der Erprobungsfahrzeuge auf dem Prüfstand wurde von 55 Prozent der Befragten als wesentlich und von 45 Prozent als mäßig beeinflusst durch die ASP 1.0 bewertet. Das Teilemanagement, insbesondere die aktuelle

Bauteil- und Steuergerätehardware sowie -software, wurden überwiegend als maßgeblich (90 Prozent) für die Funktionalität der ASP 1.0 betrachtet, während 10 Prozent diese als wesentlich einschätzten. Abschließend zeigte sich, dass die Zunahme der Anzahl interdisziplinärer Teammitglieder der ASP 1.0 überwiegend als maßgeblich (95 Prozent) und lediglich von 5 Prozent als wesentlich betrachtet wurde. Diese Ergebnisse bestätigen die bedeutende und wirkungsvolle Rolle der ASP 1.0 bei der Fehlerminimierung, Reifegradsteigerung und Entwicklungszeitreduzierung in einer Effizienzsteigerung der Antriebsentwicklung.

Abbildung 44 zeigt die Übersicht der durchgeführten Tätigkeiten bzw. applizierten Funktionen während der ASP 1.0 bei Fahrzeug-Ersteinsetzern. Hierbei stellt das Verhältnis der Schriftgröße die Häufigkeit der Nennung durch die Befragten dar. Die „Erstinbetriebnahme des Antriebsverbundes (Hardware- und Softwareverbund)" hat die höchste Häufigkeit mit 54%. Ebenfalls häufig wurde die Verbundreleasequalifizierung mit 33% und die „Erstellung eines fahrfähigen Programmstandes vor dem Fahrzeugeinsatz" mit 29% genannt. Darüber hinaus stellten die Betriebsstrategie mit 25% und die „Inbetriebnahme des Hochvoltverbundes (mit Funktions- und HV-Sicherheitstest)" mit 21% einen weiteren Großteil der Nennungen dar. Weitere genannte Tätigkeitsbereiche der ASP 1.0 bei Ersteinsetzern mit 8% bis 4% sind: Fahren von typisierungsrelevanten Zyklen, Längsreglerapplikation, FUSI-Funktionen, Leerlaufregelung, Fahrbereitschaft, Wiederstart, Achsstrategie und Quersperrenapplikation.

Abbildung 44: Überwiegend applizierte Funktionen während der ASP 1.0 bei den Fahrzeug-Ersteinsetzern

Die Analyse der Antworten auf die Frage nach den Hauptstützen der interdisziplinären Teamarbeit der Antriebssystemprüfung (ASP 1.0) bei den Ersteinsetzer-Fahrzeugprojekten zeigte bei einer Auswahlquote von 100% deutlich, dass das „Phasen- und OTEC-Modell (siehe Kapitel 4.1.2 und 4.1.3), welches klare Rollen und Verantwortlichkeiten zwischen dem Prüfstand und der Entwicklung festlegt" die maßgebliche Unterstützung darstellt. Dieses Modell verdeutlicht eine strukturierte Zusammenarbeit und Definition der Zuständigkeiten innerhalb des Teams und fungiert als bedeutender Faktor für eine effiziente und erfolgreiche Zusammenarbeit zwischen den Bereichen. Die beiden Aspekte „Managementsupport für integratives Erproben" und „effektive Kommunikation über Kollaborationsplattformen (wie z.B. MS Teams)" wurden gleichwertig als zweit- bzw. drittrangig bewertet. Dies unterstreicht die große Herausforderung in der interdisziplinären Zusammenarbeit diverser fachübergreifender Abteilungsbereiche bei den Ersteinsetzer-Fahrzeugprojekten der ASP 1.0.

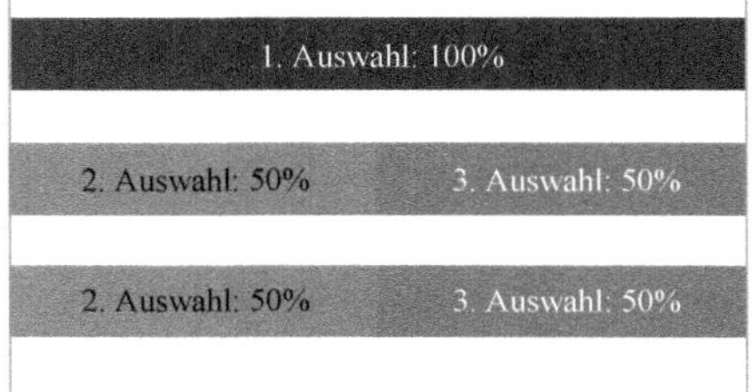

Abbildung 45: Rangfolge der unterstützenden Maßnahmen für die interdisziplinäre Zusammenarbeit bei der ASP 1.0 bei Ersteinsetzern

Umfrageergebnisse zu ASP 2.0 bei Folgeeinsetzer-Fahrzeugprojekten

Bei dem Umfrageergebnis der ASP 2.0 der Folgeeinsetzer-Fahrzeugprojekte lag der Arbeitsbereich der Befragten zu 83% in der Produktentwicklung und zu 17% im Prüffeld (siehe **Abbildung 42**). Alle Befragten waren bei der Umsetzung der ASP 2.0 hierbei im Folgeeinsetzer-Fahrzeugprojekt mit einem rein elektrischen Fahrzeugantriebsstrang beteiligt. Der überwiegend genutzte Prüfstand zur ASP 2.0 war ein volllastfähiger hochdynamischer Allradprüfstand.

Ebenso wie bei den Ersteinsetzern zeigt sich auch bei den Folgeeinsetzern eine überwiegend maßgebliche Einschätzung der Methodenanwender zu Leitfragestellungen der ASP 2.0. Sowohl die Fehlerreduzierung bei Prototypenfahrzeugen als auch die Reduzierung der Fahrzeuginbetriebnahmezeiten wurden mit 75% bzw. 70,8% als maßgeblich eingestuft. Die Förderung des Frontloadings und die Erhöhung des Reifegrades wurden mit je 91,7% und 58,3% als maßgeblich bewertet.

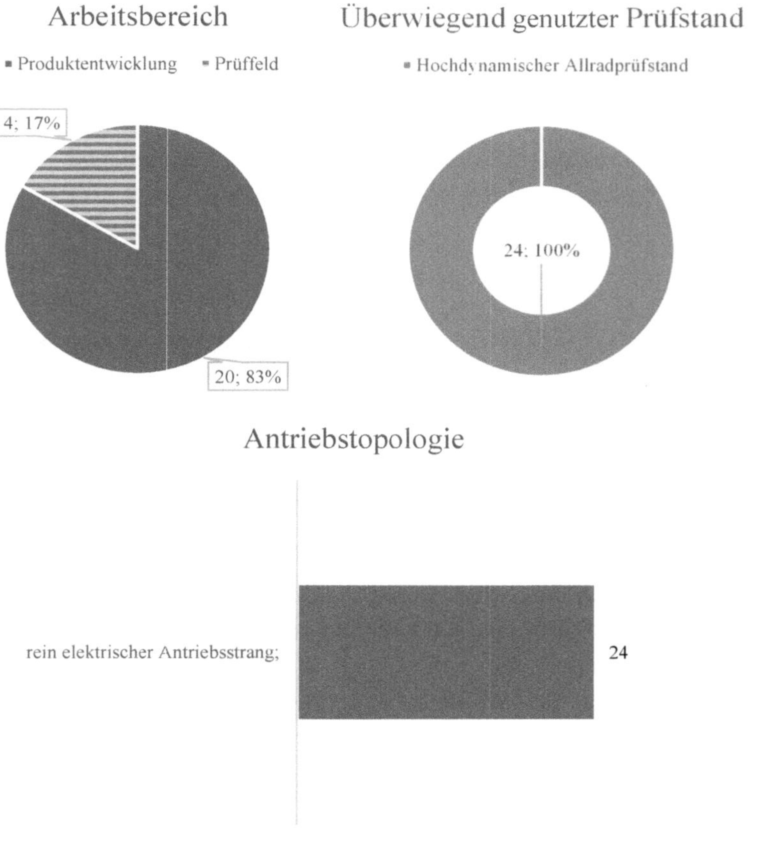

Abbildung 46: Umfrageergebnisse hinsichtlich des Arbeitsbereiches, der überwiegend genutzten Prüfressource und der Antriebstopologie der ASP 2.0 Folgeeinsetzer

Insgesagt zeigt **Abbildung 47** eine leichte Linksverschiebung im Vergleich zu **Abbildung 43**. Dies liegt darin begründet, dass die Methode bereits als „normal" und akzeptiert betrachtet wird und der subjektive Veränderungsgrad zu Vorgängerprojekten als nicht so maßgeblich empfunden wird. Dies wird auch nochmals deutlich in der Fragestellung zum Teilemanagement: die Etablierung der Methodik und Festlegung in den ASMS (siehe Kapitel 4.1.1) haben die Herausforderungen der Hard- & Softwareverfügbarkeit reduziert. Sowohl die budgetäre als auch terminlich frühe Einplanung und Vorhaltung zeigt hier erkennbar den positiven Einfluss. Es wird auch nochmals deutlich, dass die Antiebssystemprüfung nicht die primäre Implikation verfolgt, Prototypen oder Fahrzeugerprobungen zu reduzieren, sondern deutlich höhere Reifegradentwicklungen noch vor dem Fahrzeugeinsatz zu realisieren und somit das Frontloading bzw. die linkslastige Entwicklung zu unterstützen.

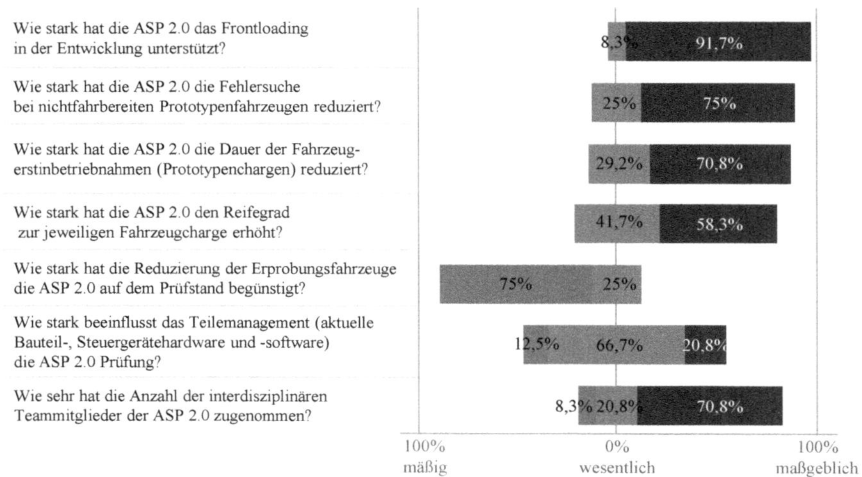

Abbildung 47: Einschätzung der Befragten zur ASP 2.0 bei dem Folgeeinsetzer-Fahrzeugprojekt

Wie auch bei den Ersteinsetzer-Fahrzeugprojekten (siehe **Abbildung 44**) liegt der Hauptfokus der Tätigkeiten in der ASP 2.0 (mit einer Nennung von 50% der Befragten) bei den Folgeeinsetzer-Fahrzeugprojekten (siehe **Abbildung**

48) in der „Inbetriebnahme neuer Software und Programmstände" im Antriebsverbund. Dadurch, dass nun ein hochdynamischer, volllastfähiger Allradprüfstand bei den Folgeeinsetzer-Projekten zum Einsatz der ASP 2.0 genutzt wird, hat sich das applikative Tätigkeitsfeld deutlich erweitert. Sowohl die Schaltprogrammabstimmung und die Bauteilschutzapplikation wurden von 45% der Befragten genannt, gefolgt von der „Volllastbetrieb- & Hochlastbetriebsapplikation" mit 35%, der Applikation der „Betriebsstrategie" mit 30% und der Abstimmung zur „Deratingstrategie" ([80]) mit 20%. Darüber hinaus haben die applikativen Tätigkeiten zur „Momentenkoordination", der „Fahrbarkeitsapplikation", der „FUSI-Funktionen", „Verbrauchsmessungen", „Rennstarts" und „Allradfunktionen" mit je 15% Anteil der Nennungen Einzug in die ASP 2.0 erhalten. Zusätzlich wurden auch „Systemleistungsmessungen", „Lastwechsel" und „Leerlaufregelungen" hierbei am Prüfstand realisiert. Dies zeigt deutlich, dass die Methodik der ASP 1.0 bei den Folgeeinsetzer-Fahrzeugprojekten annerkannt wurde und hinsichtlich der ASP 2.0 (siehe Kapitel 4.2) ausgebaut wurde, indem die Leistungsfähigkeit des Erprobungswerkzeuges mit einem volllastfähigen hochdynamischen Antriebsstrangprüfstand erhöht wurde.

Abbildung 48: Überwiegend applizierte Funktionen während der ASP 2.0 beim Folgeeinsetzer

Hinsichtlich der am stärksten unterstützenden Maßnahmen für die interdisziplinäre Zusammenarbeit bei der ASP 2.0 bei Folgeeinsetzern (siehe **Abbildung**

49), liegt die „effektive Kommunikation über Kollaborationsplattformen (wie z.B. MS Teams)" mit einer Auswahlquote von 79,2% an erster Stelle, gefolgt von dem „Phasen- und OTEC-Modell […]" und dem „Managementsupport […]". Aufgrund der deutlich stärkeren Etablierung der ASP 1.0 nach der Anwendung in Ersteinsetzerprojekten als fester Baustein der integrativen Antriebserprobungsstrategie, der Akzeptanz der Methodik innerhalb der Antriebsentwicklung und der Verankerung in den Antriebssystemmeilensteinen, hat der Bedarf des Managementsupports bei den Folgeeinsetzern erkennbar abgenommen. Die Anwendung der Methodik der ASP 2.0 an sich wird weniger hinterfragt, sondern es steht die effiziente Realisierung und Umsetzung an erster Stelle, was dazu führt, dass die „effektive Kommunikation über Kollaborationsplattformen […]" deutlich an Bedeutung zugenommen hat.

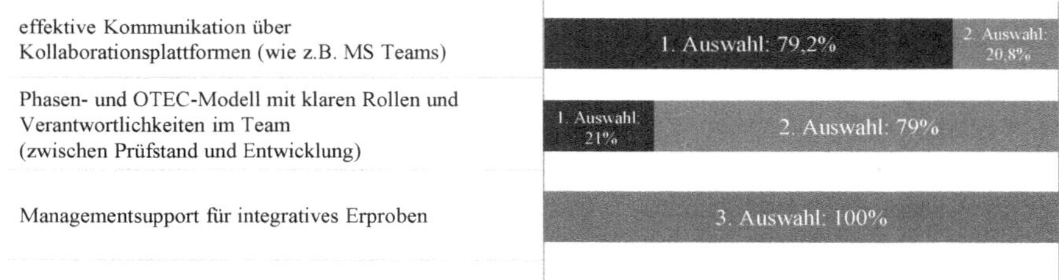

Abbildung 49: Rangfolge der unterstützenden Maßnahmen für die interdiziplinäre Zusammenarbeit bei der ASP 2.0 bei dem Folgeeinsetzer

4.3.4 Quantitative Evaluierung der angewendeten Methode der Antriebssystemprüfung (ASP 1.0) und der Ausbaustufe ASP 2.0 anhand von Inbetriebnahmezeitreduzierungen, Reifegradbewertungen und Rundstreckenoptimierungen

Eine weitere Evaluierung der Methodik der ASP 1.0 und der Ausbaustufe ASP 2.0 (siehe Kapitel 4) erfolgte anhand der Auswertung von Prüfstands- und Fahrzeuginbetriebnahmezeiten zu entsprechenden Fahrzeugchargen. Durch den Einsatz der ASP 1.0 konnte bei dem Ersteinsetzer-Fahrzeugprojekt mit einem rein elektrischen Fahrzeugantriebsstrang eine Reduzierung der ***Fahrzeuginbetriebnahmezeiten*** zur ersten Fahrzeugcharge im PEP von 53% aufgezeigt werden. Als Vergleichsreferenz dient hierbei das Vorgänger-Fahrzeugprojekt. Bei dem Ersteinsetzer-Fahrzeugprojekt mit einem hybriden Fahrzeugantriebsstrang lag die Reduzierung sogar bei 66%. Fahrfähige Programm- und Datenstände für Prototypenfahrzeuge lagen mit einer Zeitersparnis von 6% im PEP früher vor. Die ***Inbetriebnahmezeit*** von Dauerlauferprobungen ***auf Antriebsstrangprüfständen*** konnte durch den Einsatz der ASP 1.0 um 71% reduziert werden. Diese Faktoren stellen Zeitersparnisse von mehreren Wochen dar, was das Frontloading im PEP bestätigt und die qualitativen Ergebnisse aus **Abbildung 43** unterstützt.

Die Auswertung der ***Reifegradsystematik*** der Antriebssystemmeilensteine, welche zuvor in Kapitel 3.4 erläutert wurde, zeigte ebenfalls eine deutliche Verbesserung des Reifegrades. Durch den Einsatz der ASP 1.0 und ASP 2.0 konnte bei dem Ersteinsetzer-Fahrzeugprojekt mit einem hybriden Fahrzeugantriebsstrang eine Reifegraderhöhung zur 1. Fahrzeugcharge um 19%, zur 2. Fahrzeugcharge um 16%, zur 3. Fahrzeugcharge um 22% und zur 4. Fahrzeugcharge um 10% aufgezeigt werden. Bei dem Folgeeinsetzer-Fahrzeugprojekt mit einem rein elektrischen Fahrzeugantriebsstrang lagen diese Reifegraderhöhungen nochmals höher bei 35% zur 1. Fahrzeugcharge, 39% zur 2. Fahrzeugcharge, 21% zur 3. Fahrzeugcharge und 30% zur 4. Fahrzeugcharge.

Diese Auswertungen bestätigen die Einflussnahme zur Reifegraderhöhung durch die eingesetzte Methodik der ASP 1.0 und ASP 2.0 für den Fahrzeugantriebsstrang und unterstreichen die qualitativen Ergebnisse aus **Abbildung 43** und **Abbildung 47**.

Des Weiteren konnte anhand der applikativen Tätigkeit der ***Rundstreckenzeitoptimierung*** am Folgeeinsetzer-Fahrzeugprojekt der Mehrwert der durchgängigen Methodikanwendung der ASP 2.0 als Teil der ganzheitlichen Erprobungsstrategie dargestellt werden. Bei der Antriebstopologie handelt es sich um einen rein elektrischen Fahrzeugantriebsstrang. Das Frontloading und die Reifegraderhöhung im Antriebsverbund wurden maßgeblich durch die Applikationstätigkeiten am Prüfstand und in der Simulation geschaffen, sodass im Fahrzeug die Endvalidierungen erfolgen konnten. Im Fokus stand hierbei die Optimierung der Rundstreckenzeit auf einer definierten Rundstrecke. Der überwiegend genutzte Werkzeugtyp war ein hochdynamischer Allradprüfstand mit einer echtzeitfähigen Fahrzeugsimulation und einem simulierten Energiespeicher (Batteriemodell). **Abbildung 50** zeigt den normierten Messvergleich der Fahrzeuggeschwindigkeit aus der Simulation, der Prüfstandsfahrt und der realen Fahrt im Fahrzeug auf der Rundstrecke. Die Kennlinien liegen sehr nahe beieinander, was den hohen Reifegradgewinn vor dem Fahrzeugeinsatz unterstreicht. Die Prüfstandsmessung liegt näher an der Simulationsmessung aufgrund des virtuellen Fahrereinflusses während der wegbasierten Rundstreckensimulation. In mehrfachen automatisierten Prüfläufen und automatisierten Auswertungen erfolgten applikative Anpassungen in allen Steuergeräten des Fahrzeugantriebsstranges hinsichtlich Effizienz, Fahrbarkeit und Ansprechverhalten. Hierbei wurde auch das Thermomanagement hinsichtlich Derating betrachtet und eine optimierte Performancestrategie für den Einsatz und die Häufigkeit der „push to pass" Funktion entwickelt. Unter anderem konnte dabei die Rotorgrenztemperatur angehoben werden, sodass die Antriebsleistung beeinflusst wurde, während die Sicherheits- und Betriebsfähigkeit des Systems bestehen bleibt. Der durchgängige Einsatz der ASP 2.0 Methodik zur Applikation des Antriebsverbundes zur Rundenzeitoptimierung zeigt und bestätigt einen enormen qualitativen Reifegradsprung und Mehrwert in der Antriebsentwicklung durch Frontloading noch vor dem Einsatz im Fahrzeug.

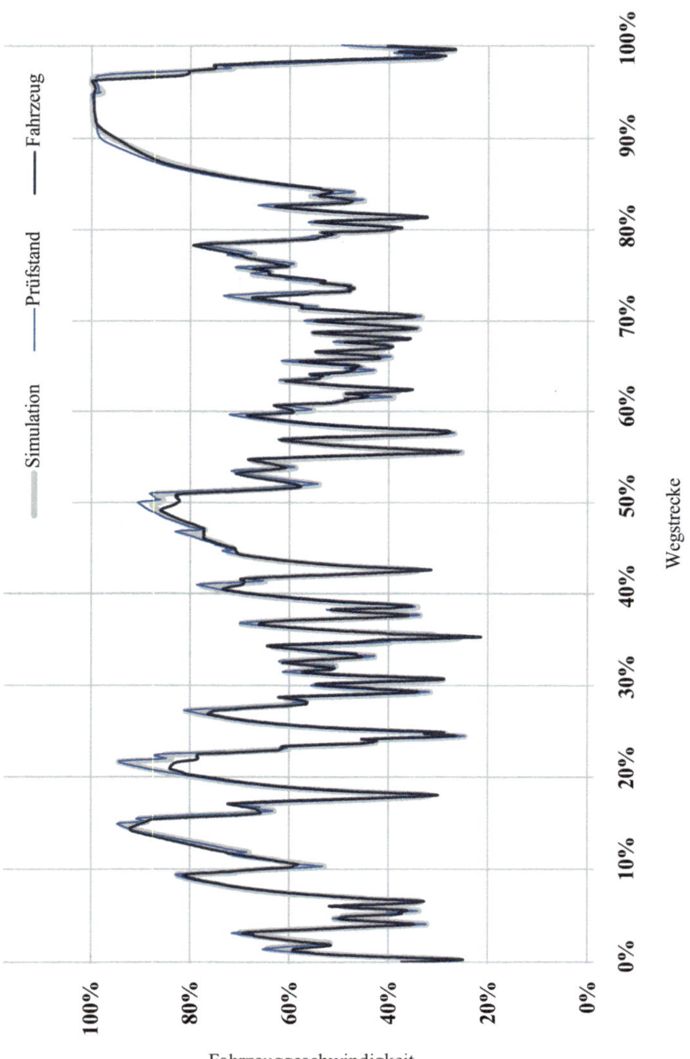

Abbildung 50: Messvergleich der Rundstreckenfahrt aus Simulation, Prüf-standsfahrt und Fahrzeugfahrt zur Rundstreckenzeitoptimie-rung mit der ASP 2.0 (Folgeeinsetzer-Fahrzeugprojekt)

5 Schlussfolgerung und Ausblick

Ein Schwerpunkt dieser Arbeit liegt auf der Erarbeitung einer Methode und eines Frameworks, um eine ganzheitliche und integrative Erprobungsstrategie für die Antriebsstrangerprobung zu entwickeln. Hierfür ist zunächst eine grundlegende Nomenklatur für ein gemeinsames Begriffsverständnis eingeführt und dargelegt worden. Anschließend wurde das erarbeitete 5W-Modell und mehrdimensionale V-Modell vorgestellt. Diese ermöglichten die Generierung einer ganzheitlichen und integrativen Erprobungsstrategie für die Antriebsstrangentwicklung. Das Modell wird dabei an einer beispielhaften rein elektrischen Fahrzeugantriebsstrangtopologie angewendet. Die hierbei erstellte Erprobungsstrategie wurde sowohl in Form einer Datenbank mit 576 Erprobungen als auch durch grafische Visualisierungen als Erprobungslandkarte abgebildet, erläutert und interpretiert. Die hierdurch geschaffene Transparenz innerhalb des Fahrzeugprojektes hinsichtlich der Erprobungsbedarfe und -werkzeuge der Antriebsstrangsystemebene führte zur Identifikation von integrativeren Erprobungen mit alternativen Erprobungswerkzeugen und zeitlich optimierten Erprobungszeitpunkten. Dieses Erprobungsframework bietet damit nachweislich das Potential, eine deutlich linkslastigere Antriebsstrangentwicklung zu fördern, die gestiegene Komplexität der Antriebsstrangerprobung beherrschbarer zu gestalten und alternative hybride Erprobungswerkzeuge in ihrem heutigen Einsatzpotential verstärkt einzusetzen.

Anschließend wurde eine Methode zur Reifegradbewertung des Fahrzeugantriebsstranges entwickelt und für alle Fahrzeugprojekte der Porsche AG eingeführt. Diese umfasst eine Meilensteinbewertung von Antriebssystemmeilensteinen, welche in einer Reifegradbewertung und überwachung mit einem transparenten Berichtswesen auf Antriebssystemebene resultierten.

Zudem wurden weitere entscheidende und beeinflussende Faktoren für die Realisierung und Etablierung einer ganzheitlichen und integrativen Erprobungsstrategie für die Antriebsstrangentwicklung erläutert. Diese sind sowohl die Aufbauorganisation des Prüffeldes als auch die Kultur und das Mindset aller Mitwirkenden. Die Aufbauorganisation von Prüffeldern wurde hierbei anhand von zwei erarbeiteten Prinzipien beschrieben: das Manufakturprinzip und das

Produktionsbandprinzip. In der praktischen Umsetzung der Prinzipien im Rahmen dieser Arbeit zeigte sich, dass das Manufakturprinzip die Realisierung und Einführung einer ganzheitlichen und integrativen Erprobungsstrategie fördert. Da die Etablierung von integrativen Erprobungen aus der ganzheitlichen Strategie zunächst eine Veränderung darstellt, wurden auch hier, angelehnt an die fünf Erfolgsfaktoren der Veränderung des Lippitt-Knoster-Modells, Konzepte definiert und in der Praxis eingeführt und erfolgreich umgesetzt.

Die Ist-Analyse der Erprobungsstrategie machte deutlich, dass umfassende Erprobungsaktivitäten auf Subsystemebene für das jeweilige System durchgeführt werden, jedoch der Antriebsstrang vorwiegend erst in Fahrzeugprototypen im Verbund zusammengeführt wird. Dies verdeutlichte die Lücke der Antriebsstrangentwicklung. Daher umfasste ein weiterer wesentlicher Schwerpunkt der vorliegenden Arbeit die Etablierung und Einführung eines neuentwickelten Testelements; der Antriebssystemprüfung (ASP 1.0). Dieses Konzept erprobt das Zusammenspiel aller Subsysteme des Antriebsstranges einer Fahrzeugcharge im Verbund (Erstinbetriebnahme) auf einem niederlast Antriebsstrangprüfstand noch vor dem Einsatz in der jeweiligen Fahrzeugcharge. Und trägt somit zu einer wesentlichen Reifegradsteigerung mit einem Frontloading der Antriebsentwicklung bei. Die Methodik der ASP 1.0 wurde sowohl an einer rein elektrischen als auch an einer hybriden Fahrzeugantriebsstrangtopologie angewendet.

Die Methodik beinhaltet neben der Systematik der Erprobungszeitpunkte, der Anzahl der Erprobungen und den Erprobungsinhalten ebenfalls die finanzielle Aufplanung / Budgetierung, die Verantwortlichkeitsklärung und Sicherstellung der Kompatibilität der Hardware- und Softwarekomponenten des Antriebsstranges. Zudem ist die Antriebssystemprüfung in den Antriebssystemmeilensteinen erfolgreich verankert worden und wird seither in jedem Fahrzeugprojekt angewendet.

Des Weiteren wurde im Zuge der Methodik der ASP 1.0 sowohl ein Phasenmodell als auch ein Zusammenarbeitsmodell erarbeitet und angewendet. Das Phasenmodell systematisiert die erforderlichen Handlungen zwischen dem Prüffeld und den Entwicklungsbereichen zur Umsetzung der Antriebssystemprüfung auf Antriebsstrangprüfständen, welche vor, während und nach der Erprobung in sieben Erprobungsphasen stattfinden und gewährleistet damit eine Prozessstruktur und -qualität in der Umsetzung. Für die interdisziplinäre Zusammenarbeit zwischen dem Prüffeld und den Entwicklungsbereichen der Antriebsstrangentwicklung wurde im Rahmen dieser Arbeit das OTEC-Modell für die ASP 1.0 erarbeitet und in der Praxis eingeführt. Hierbei arbeiten das Prüffeld und die Entwicklungsbereiche in einem Tandem aus Werkzeugexperten und Prüflingsexperten zusammen, wodurch kurze Abstimmungswege mit klaren Ansprechpartnern, eine Förderung des Zusammenhaltes als Teamgedanke des Erprobungsteams und eine erhöhte Effizienz in der Zusammenarbeit erreicht wurden.

Sowohl die Methodik der ASP 1.0 als auch der Ausbaustufe ASP 2.0 wurden qualitativ und quantitativ in mehreren Fahrzeugprojekten der Porsche AG evaluiert. Die qualitative Evaluierung erfolgte anhand einer Expertenumfrage mit 44 Anwendern, welche u.a. sowohl das Frontloading, die Reifegraderhöhung als auch die Reduzierung von Inbetriebnahmezeiten als maßgeblich bewertet haben. Die quantitative Evaluierung erfolgte anhand der Auswertung von Prüfstands- und Fahrzeuginbetriebnahmezeiten, Reifegradbewertungen und beispielhaften durchgeführten applikativen Tätigkeiten wie der Rundstreckenzeitoptimierung. Die Prüfstandsinbetriebnahmezeiten konnten um 71% und die Fahrzeuginbetriebnahmezeiten um 53% - 66% reduziert werden, was sodann zu einer Reduzierung der Entwicklungskosten führte. Der Reifegrad des Antriebssystems im Verbund, konnte zu den entsprechenden Fahrzeugchargen um 10% bis 39% erhöht werden. In der applikativen Tätigkeit der Rundstreckenzeitoptimierung konnte das Frontloading und die linkslastige Antriebsstrangentwicklung am hochdynamischen Antriebsstrang-prüfstand anhand des Messvergleiches zwischen der Simulation, der Prüfstandsfahrt und der Fahrzeugfahrt dargelegt werden. Die ASP 1.0 als auch die ASP 2.0 tragen somit maßgeblich zu einer Verbesserung der Antriebsstrangentwicklung und der Stärkung und dem Ausbau der ganzheitlichen und integrativen Erprobung auf der Antriebsstrangebene bei.

Zusammengefasst wurden die aufgeführten entwickelten Modelle und Methoden in den Produktentstehungsprozess der Porsche AG integriert und in mehreren Fahrzeugprojekten angewendet. Sie sind daher zielführend im Entwicklungsprozess von Fahrzeugantriebssträngen eingesetzt worden und befinden sich weiterhin erfolgreich im Einsatz.

Die eingangs formulierte zentrale Forschungsfrage (siehe Kapitel 1.1) kann durch die Untersuchungen und Ergebnisse der hier vorliegenden Arbeit zustimmend und vielversprechend positiv beantwortet werden.

Aufbauend auf dieser Forschungsarbeit sollten weitere Untersuchungen hinsichtlich der zentralen Erprobungsdatenbank durchgeführt werden. Diese kann in Kombination mit derweil entwickelter und verfügbarer KI zu einer zentralen Entwicklungswissensquelle ausgebaut werden. Hierbei sollte erforscht werden, wie diese softwaretechnisch unterstützt und teilautomatisiert werden kann. Dabei sollte die Datenbank um rein virtuelle Erprobungsmethoden für die Antriebsstrangentwicklung erweitert werden, um weitere Synergien zu hybriden und rein physischen Erprobungsmethoden zu heben.

Die Methode für eine ganzheitliche und integrative Erprobungsstrategie (siehe Kapitel 3 ff.) bietet das Potential, nicht nur eine Handlungsempfehlung und Vorgehensweise darzustellen, sondern zu einem aktiven Projektsteuerungstool in der Antriebsstrangentwicklung ausgebaut zu werden. Hierfür ist die Erforschung einer Bewertungsmethode für das potenzielle Risiko bei Nichterfüllung der Strategieinhalte, beispielsweise angelehnt an Risiko-Prioritäts-Zahlen aus Produktionssteuerungsprozessen, sinnvoll.

Neben den Betrachtungen der technischen Werkzeuge und Methoden muss ebenfalls der menschliche Faktor weiter berücksichtigt und fortwährend entwickelt werden. Die Veränderung und der Einsatz neuartiger und integrativer Erprobungsmethoden erfordert weiterhin eine stetige Veränderung des bisherigen Mindsets der Entwicklungsingenieure, hierbei im Besonderen bei Applikationsentwicklern der Antriebsstrangentwicklung. Es ist von außerordentlicher Bedeutung, dass das Mindset und die Unternehmenskultur hinsichtlich einer flexiblen und alternativen Arbeitsweise weiterentwickelt wird und hiermit ein integrativer Erprobungsansatz unterstützt wird.

Literaturverzeichnis

[1]   DR.-ING. PETER FIETKAU: Digitalisierung der Produktentwicklung bei Fahrzeugantrieben. In: Fraunhover IAO (Hrsg.): *Stuttgarter Symposium für Produktentwicklung SSP 2021*. Stuttgart: Fraunhofer Verl., 2021, S. 61–79

[2]   GERALD; DR.-ING. EIFLER: *„ Wir werden die Variantenvielfalt begrenzen müssen"*: Interview. In: *MTZextra* (2016), S. 6–8 – Überprüfungsdatum 2017-05-23

[3]   HORCH; NILS DR.-ING.: *Status E2E Funktionsentwicklung & Funktionen am Beispiel des Porsche Taycan*. Hochschule Konstanz, 09/2020. URL https://sic.htwg-konstanz.de/wp-content/uploads/2020/09/Dr.-Nils-Horch-Porsche-Consulting-Methoden-zur-Sicherstellung-der-End-to-End-Kundenfunktionen-im-Projekt-Porsche-Taycan.pdf

[4]   ZÖLLNER, M.: *Ausarbeitung eines Konzepts zur Dauer- und Funktionserprobung von Fahrzeugen mit alternativen Antriebssystemen und Bewertung bzgl. der Umsetzbarkeit bei der Dr. Ing. h.c. F. Porsche AG*. Aachen, RWTH Aachen, Institut für Kraftfahrzeuge. Diplomarbeit. 2011

[5]   BURGARD, K.; KROHN, C.; GEISLER, J.: *Prüfkonzepte für elektrifizierte Antriebe : MESS- UND PRÜFTECHNIK ANTRIEBSSTRANG*. 2014

[6]   UHLENBROCK, Roger; SCHUGT, Michael; SPECKBROCK, Thomas: *Test des Elektrischen Antriebsstrangs -- Quo Vadis?* In: *ATZelektronik 5* (2010), Nr. 5, S. 38–42. URL http://dx.doi.org/10.1007/BF03224030

[7]   ZIMMER, Matthias: *Durchgängiger Simulationsprozess zur Effizienzsteigerung und Reifegraderhöhung von Konzeptbewertungen in der Frühen Phase der Produktentstehung*. Stuttgart, Universität Stuttgart, Institut für Verbrennungsmotoren und Kraftfahrwesen (IVK). Dissertation. 2015 – Überprüfungsdatum 2017-05-16

[8]   LAPPE, D.; RADMANN, M.: *Porsche Engineering: Magazin*. 1/2014

[9]   PORSCHE AG: *Pressemappe Porsche 918 Spyder: Archiv-Nr. S12_0124*. Zuffenhausen, 21.03.2012. URL https://presse.porsche.de/prod/presse_

pag/PressResources.nsf/Content?ReadForm&languageversionid=92916 &archive=10&level1id=1 – Überprüfungsdatum 2023-09-01

[10] PORSCHE AG: *Presse Bildmaterialien*. Zuffenhausen. URL https:// presse.porsche.de/ – Überprüfungsdatum 2023-09-01

[11] PORSCHE AG: *Fahrvorstellung Porsche 918 Spyder*. Zuffenhausen, 01.11.2013.   URL   https://presse.porsche.de/presskits_until_2015/ products/2013/spyder/text/presskit/918_Spyder_Fahrvorstellung_DE7.p df – Überprüfungsdatum 2023-09-01

[12] PORSCHE AG: *Technische Daten Taycan Turbo*. Zuffenhausen, 01.05.2022. URL https://presse.porsche.de/download/prod/presse_pag/ PressBasicData.nsf/Download?OpenAgent&attachmentid=2305739&pr eviewpdf=1 – Überprüfungsdatum 2023-09-01

[13] PORSCHE AG: *Taycan Turbo Der Antrieb*: *Performance Pur*. Zuffenhausen, 04.09.2019. URL https://media.porsche.com/mediakit/ taycan/de/porsche-taycan/der-antrieb – Überprüfungsdatum 2023-09-01

[14] BINDER, Andreas: *Elektrische Maschinen und Antriebe*: *Grundlagen, Betriebsverhalten*. Berlin, Heidelberg: Springer, 2012 (VDI-Buch)

[15] DIERK SCHRÖDER: *Elektrische Antriebe - Regelung von Antriebssystemen*. 3. Aufl., 2009

[16] PORSCHE AG: *Taycan Porsche Elektromotoren erklärt*. Zuffenhausen, 15.03.2021. URL https://newsroom.porsche.com/de/2021/innovation/ porsche-elektromotoren--taycan-hochspannung-christophorus-398-23885.html – Überprüfungsdatum 2023-09-01

[17] PORSCHE AG: *Taycan Die Batterie*: *Ausgeklügeltes Thermomanagement*. Zuffenhausen, 04.09.2019. URL https://newsroom.porsche.com/ de/produkte/taycan/batterie-18541.html – Überprüfungsdatum 2023-09-01

[18] SPECHT, Klaus; GALL, Martin; SCHEIDHAMMER, Georg: *Von 400 auf 800 Volt*: *Auswirkungen auf das Hochvoltboardnetz*. In: *ATZelektronik* 14 (2019), Nr. 7, S. 42–45. URL https://www.draexlmaier.com/fileadmin/ Group/Press/Publications/ATZelektronik_2019_07-08_FA_400_auf_ 800V_DE.pdf

[19] S. RUDERT, J. Trumpfheller: *Der Produktentstehungsprozess*: *Grundlage für den Erfolg eines Produktes*. In: *Porsche Engineering Magazin* 01/2015

[20] BRAESS, Hans-Hermann; SEIFFERT, Ulrich: *Vieweg Handbuch Kraftfahrzeugtechnik*. 6. Aufl. Wiesbaden: Springer Fachmedien Wiesbaden, 2011 (ATZ / MTZ-Fachbuch)

[21] BAUMGARTNER, Edwin: *Frontloading durch Fahrbarkeitsbewertungen in Fahrsimulatoren*. Wiesbaden: Springer Fachmedien Wiesbaden, 2021

[22] SCHNEIDER, Thomas: *Methode zur Erstellung von Problemlösungsmodellen auf Basis des SPALTEN-Prozesses in komplexen Entwicklungsprozessen*. Karlsruhe, Universität Karlsruhe, Institut für Produktentwicklung und Konstruktionstechnik (IPEK). Dissertation. 2012

[23] VDI-FACHBEREICH PRODUKTENTWICKLUNG UND MECHATRONIK: *Entwicklungsmethodik für mechatronische Systeme*: *VDI 2206*

[24] SEIFFERT, Ulrich; RAINER, Gotthard: *Virtuelle Produktentstehung für Fahrzeug und Antrieb im Kfz*: *Prozesse, Komponenten, Beispiele aus der Praxis*. Wiesbaden: Springer Fachmedien; Vieweg + Teubner Verlag / GWV Fachverlage GmbH Wiesbaden, 2008

[25] KARTHAUS, Carsten; SCHWEERS, Johannes; SEGER, Fabian; BEHRENDT, Harald: Erprobungsmethodik und Toolstrategie auf Prüfständen zur Fahrzeugantriebsintegration. In: Fraunhover IAO (Hrsg.): *Stuttgarter Symposium für Produktentwicklung SSP 2023*. Stuttgart: Fraunhofer Verl., 2023, S. 416–427

[26] KARTHAUS, C.; KARLSSON, Z.; PALAND, T.: Applikation auf Antriebsstrangprüfständen. In: AVL Deutschland GmbH (Hrsg.): *6. Internationales Symposium für Entwicklungsmethodik*. Wiesbaden, 2015, S. 37–48

[27] D. NICKEL, E. STELTER, C. SÜLTROP, W. MITTMANN, T. HEIDUCZEK, H. HOHENNER: Innovative Testing Process for Electric Powertrains. In: *EVS30 Electric vehicle Symposium & Exhibition*, 2017

[28] KISTNER, Bruno; SANZENBACHER, Sabine; MUNIER, Jérôme; FIETKAU, Peter: Die digitale Antriebsentwicklung der Zukunft: ganzheitlich, systematisch und kundenzentriert. In: LIEBL, Johannes (Hrsg.): *Experten-*

Forum Powertrain: Simulation und Test 2019. Wiesbaden: Springer Fachmedien Wiesbaden, 2020 (Proceedings), S. 1–14

[29] BOCK, Mareike: *Literaturrecherche und Bewertung von Erprobungsstrategien für hybride und rein elektrische Fahrzeugantriebe auf Prüfständen*. Stuttgart, Universität Stuttgart, Institut für Verbrennungsmotoren und Kraftfahrwesen (IVK). Masterarbeit. 2016 – Überprüfungsdatum 2016-12-09

[30] OTT, M.; HOLTKÖTTER, C.; STAUCH, T.: Elektrische Antriebe auf dem Prüfstand: Electric drives put to the test. In: FKFS (Hrsg.): *4. AutoTest Fachkonferenz: Test von Hard- und Software in der Automobilentwicklung*, 2012

[31] OTT, W.; HOLTKÖTTER, C.; ROSSEGGER, W.: Endlich Road to Rig: Durchgängige Entwicklungsmethodik mittels innovativem Prüfstandssystem für die vollimfängliche Validierung von alternativen Antriebssystemen. In: LENZ, Hans Peter (Hrsg.): *34. Internationales Wiener Motorensymposium*. Düsseldorf: VDI, 2013 (Fortschritt-Berichte VDI Reihe 12, Verkehrstechnik, Fahrzeugtechnik, 764), S. 384–397

[32] GEIER, M.; OTT, S.; ALBERS, A.: *An integrated development environment for drivetrain systems*. 2008

[33] OTT, M.: Ganzheitliche Integration und Validierung der Antriebselektronik. In: *Kongress eCarTec 2012 München*.

[34] OTT, Martin W.; BARTZSCH, Michael; HOLTKÖTTER, Christian: *Optimierte Entwicklung von alternativen Antriebssystemen*. In: *ATZextra* 18 (2013), Nr. 2, S. 48–53

[35] LIST, H.: Zukünftige Antriebsentwicklung: Bewältigung kurzer Entwicklungszeiten und hoher Komplexitäten. In: LENZ, Hans Peter (Hrsg.): *35. Internationales Wiener Motorensymposium*. Düsseldorf: VDI, 2014 (Fortschritt-Berichte VDI Reihe 12, Verkehrstechnik/Fahrzeugtechnik).

[36] LIST, Helmut: *Vom Motor zum Antrieb als Gesamtsystem*. In: *MTZ - Motortechnische Zeitschrift* 75 (2014), Nr. 15, S. 28–33

[37] UHLENBROCK, R.; SCHUGT, M.; TYBEL, M.: *Absicherung elektrischer Antriebskomponenten in (H)EVs: TESTLÜCKE MIT POWER-HIL*

SCHLIEßEN. Scienlab electronic systems GmbH. URL http://www.all-electronics.de/absicherung-elektrischer-antriebskomponenten-in-hevs/. – Aktualisierungsdatum: 2016-03-30

[38] ALBERS, Albert; DÜSER, Tobias; SANDER, Oliver; ROTH, Christoph; HENNING, Josef: *X-in-the-Loop-Framework für Fahrzeuge, Steuergeräte und Kommunikationssysteme.* In: *ATZelektronik* 5 (2010), Nr. 5, S. 60–65. URL http://dx.doi.org/10.1007/BF03224034

[39] DÜSER, T.; SCHMIDT, C.; SCHMIDT, U., PFISTER, F: *Rollenprüfstände für Fahrzeug- und Antriebskonzepte von Morgen.* In: *ATZ - Automobiltechnische Zeitschrift* 114 (2012), Nr. 04, S. 312–317

[40] DÜSER, Tobias: *X-in-the-Loop: -ein durchgängiges Validierungsframework für die Fahrzeugentwicklung am Beispiel von Antriebsstrangfunktionen und Fahrerassistenzsystemen.* Karlsruhe, Karlsruher Institut für Technologie (KIT), Instut für Produktentwicklung (IPEK). Dissertation. 2010

[41] DÜSER, T.; BALCOMBE, A.; WECK, T.: Der Rollenprüfstand als flexibles Werkzeug in einer integrierten und offenen Entwicklungsplattform. In: AVL Deutschland GmbH (Hrsg.): *5. Internationales Symposium für Entwicklungsmethodik.* Wiesbaden, 2013, S. 81–91

[42] PAULWEBER, Michael; LEBERT, Klaus: *Mess- und Prüfstandstechnik*: *Antriebsstrangentwicklung, Hybridisierung, Elektrifizierung.* Wiesbaden: Springer Vieweg, 2014 (Der Fahrzeugantrieb)

[43] P. FIETKAU, M. BURGBACHER, J. GINDELE: Triebstrangentwicklung bei Performance-Fahrzeugen. In: VDI Wissensforum GmbH (Hrsg.): *18. Kongress SIMVEC: Simulation und Erprobung in der Fahrzeugentwicklung in der Fahrzeugentwicklung 2016.* Berechnung, Prüfstands- und Straßenversuch. Düsseldorf: VDI, 2016 (VDI-Berichte, 2279).

[44] BAUER, Lukas; KIEY, Markus; BAUER MANUEL: Modellbasierte Validierung der Prüfstandsdynamik zur Erprobung von Komponenten elektrifizierter Antriebsstränge mithilfe eines digitalen Zwillings. In: Fraunhover IAO (Hrsg.): *Stuttgarter Symposium für Produktentwicklung SSP 2021.* Stuttgart: Fraunhofer Verl., 2021

[45] FIETKAU, P.: Getriebe für Performance-Fahrzeuge: Auslegung und Erprobung: Kollektiverstellung Erprobungsprogramm Dauerlaufbewertung. In: Car Training Institute (Hrsg.): *14. Internationales CTI Symposium: Fahrzeuggetriebe, HEV- und EV-Antriebe*, 2015

[46] WIPFLER, Martin; PRESSL, Bernd; HAIDINGER, Thomas: *Virtueller Prüfling zur effizienten Antriebsentwicklung und Funktionsabsicherung*. In: *MTZextra* 26 (2021), S1, S. 30–35

[47] SCHMIDT, Andreas: *Modellierung Von Fahrzeugantrieben Anhand Von Messdaten Aus Dem Koppelbetrieb Zwischen Fahrsimulator und Antriebsstrangprüfstand*. Wiesbaden: Springer Fachmedien Wiesbaden GmbH, 2016 (Wissenschaftliche Reihe Fahrzeugtechnik Universität Stuttgart Ser)

[48] ULRICH, N. O.; FREDERSDORFF, L.; LU, T.; MÜLLER, K.; JIPPA, K.-N.: Der virtuelle Prüfstand – Simulationsmodell eines Elektroantriebs-Prüfstandes zur Absicherung der Messdatengüte in der Applikation. In: ITS Niedersachsen e.V. (Hrsg.): *12. Symposium: Hybrid - und Elektrofahrzeuge*, 2015

[49] MOISZI, A.; SCHUGT, M.; TYBEL, M.: *Lücke im V-Modell von E-Antrieben: Durch Parameter-Identifikation geschlossen*. In: *ATZelektronik* (2013)

[50] PORSCHE AG: *Porsche Entwicklungszentrum nimmt neues Antriebsprüfgebäude in Betrieb*. 25.06.2019. URL https://newsroom.porsche. com/de/2019/unternehmen/porsche-entwicklungszentrum-antriebspruef gebaeude-weissach.html – Überprüfungsdatum 2023-11-28

[51] SCHENK, M.; KLOS, W.; SCHWÄMMLE, T.; MÜLLER, M.; BERTSCHE, B.: Antriebsstrangerprobung bei der Daimler AG: Moderne Erprobungsmethodik. Internationales Symposium für Entwicklungsmethodik. In: AVL Deutschland GmbH (Hrsg.): *4. Internationales Symposium für Entwicklungsmethodik*, 2011

[52] SCHYR, Christian: *Modellbasierte Methoden für die Validierungsphase im Produktentwicklungsprozess mechatronischer Systeme am Beispiel der Antriebsstrangentwicklung*. Karlsruhe, Universität Karlsruhe, Institut für Produktentwicklung (IPEK). Dissertation. 2006

[53] AKKAYA, Filiz; KLOS, Wolfgang; HAFFKE, Gregor; REUSS, Hans-Christian: Ganzheitliche Erprobungsstrategie am Beispiel eines elektrischen Antriebsstrangs für batterieelektrische Fahrzeuge, 4/2018. In: *ATZelektronik*, S. 64–69

[54] LINDEMANN, Udo: *Methodische Entwicklung technischer Produkte*: *Methoden flexibel und situationsgerecht anwenden*. 3. Aufl.: VDI, 2009

[55] SCHYR, C.; HAKULI, S.; SCHICK, B.: Ganzheitliche Fahrzeugbewertung mittels X-in-the-Loop im Entwicklungsprozess am Beispiel Powertrain-in-the-Loop. In: ATZ (Hrsg.): *VPC - Virtual Powertrain Creation*: *Antriebsstrang im Gesamtfahrzeugkontext*. 15. MTZ-Fachtagung, 2013

[56] KARTHAUS, Casten; ROTH, Daniel; BINZ, Hans Georg: *Studie zur Kooperation und zum Informationsaustausch zwischen Konstruktions- und Erprobungsabteilungen*. In: *Bericht des Instituts für Konstrunktions- technik und Technisches Design Universität Stuttgart*, Bericht Nr. 628 – Überprüfungsdatum 2015-06-03

[57] KARTHAUS, Casten; ROTH, Daniel; BINZ, Hans Georg; SCHENK, Maximilian; BERTSCHE, Bernd: Approach for recirculation of testing knowledge into product development supported by matrix-based methods. In: *16th International dependency and structure modelling conference, DMS 2014*, 2014, S. 349–358

[58] GUGGENMOS, J.; RÜCKERT, J.; THALMAIR, S.; WAGNER, M.: Das Prüf-feld der Antriebsentwicklung im Wandel. In: ATZ (Hrsg.): *VPC - Simulation und Test*: *Methoden der Antriebsentwicklung im Dialog*. 17. MTZ-Fachtagung, 2015

[59] AKKAYA, Filiz; KLOS, Wolfgang; SCHWÄMMLE, Timm; HAFFKE, Gregor; REUSS, Hans-Christian: Holistic Testing Strategies for Electrified Vehicle Powertrains in Product Development Process. In: *wevj 2018*.

[60] LINDEMANN, Michael; WOLTER, Thieß-Magnus; FREIMANN, Rüdiger; FENGLER, Sandro: *Konfiguration von Hybridantriebssträngen mittels Simulation*. In: *ATZ - Automobiltechnische Zeitschrift* 111 (2009), Nr. 5, S. 332–338

[61] KARTHAUS, Carsten Alexander: *Methode zur Rückführung von Erpro-bungswissen in die Produktentwicklung am Beispiel Fahrzeug-triebstrang*. Dissertation. URL https://nbn-resolving.de/urn:nbn:de:bsz: 93-opus-ds-112622

[62] SCHENK, M.; KARTHAUS, C.; BEHRENDT, H.; KLOS, W.; BERTSCHE, B.; BINZ, H.: Automatisierte Fehlerreaktion am Antriebstrangprüfstand. In: AVL Deutschland GmbH (Hrsg.): *5. Internationales Symposium für Entwicklungsmethodik*. Wiesbaden, 2013

[63] AKKAYA, Filiz: *Fehleranalyse und Auswertung von Prüfstandsabschal-tungen bei konventionellen und hybriden Antriebssträngen*. Universität Stuttgart, Institut für Konstruktionstechnik und technisches Design. Studienarbeit. 2012 – Überprüfungsdatum 2015-06-04

[64] SCHENK, M.; KLOS, W.; KARTHAUS, C.; BINZ, H.; BERTSCHE, B.: Effizienzsteigerung bei der Antriebsstrangerprobung durch Einsatz moderner Erprobungsmethoden und Optimierung der Fehleranalyse., Bd. 2169. In: VDI Wissensforum GmbH (Hrsg.): *16. Kongress SIMVEC*: *Berechnung, Simulation und Erprobung im Fahrzeugbau 2012*. Düsseldorf: VDI, 2012 (VDI-Berichte, 2169), S. 429–440

[65] SCHENK, Maximilian: *Erstellen von Prüfvorgaben für die PKW Trieb-strangdauererprobung unter Verwendung moderner Simulations-methoden: Analyse verschiedener Regelungskonzepte zur Abbildung von fahrzeugnahem Systemverhalten auf dem Prüfstand*. Ulm, Graduate School der Hochschule Ulm, Maschinenbau und Fahrzeugtechnik. Masterarbeit. 2011 – Überprüfungsdatum 2016-03-01

[66] HOULDCROFT, J.; BEATTIE, T.; NEIL, A.; DUCKER, S.; BRISTOW, J.; OSBORNE, R.; CIRIELLO, A.; WILKINS, M.; BALCOMBE, A.; NEY, A.; GRAUPNER, W.: Ganzheitliche Optimierung der Produktivität von Antriebsstrangentwicklung und -test bei Jaguar Land Rover. In: AVL Deutschland GmbH (Hrsg.): *5. Internationales Symposium für Entwick-lungsmethodik*. Wiesbaden, 2013, S. 131–146

[67] PROF. DR.-ING. HANNO IHME-SCHRAMM; ALEXANDRA SCHRAMM, B. Sc: Datenplausibilität am Motorprüfstand: Wie wichtig ist der Faktor

Mensch? In: MTZextra (Hrsg.): *Ausgabe Sonderheft 1/2017*, 2017, S. 56–60

[68] WERTHER, Simon; JACOBS, Christian; BRODBECK, Felix C.; KIRCHLER, Erich; WOSCHÉE, Ralph: *Organisationsentwicklung – Freude am Change*. Berlin, Heidelberg: Springer Berlin Heidelberg, 2014

[69] DANIEL STOPPER, STEFAN DOLL, CHRISTIAN GUIST, HEIKO KONRAD, MARKUS NELL, JOACHIM RÜCKERT: Methoden- und Virtualisierungs- offensive in der Antriebsentwicklung der BMW Group. In: *VPC- Simulation und Test 2017*, S. 1–15

[70] ADDY OSMANI: *Managing complex organizational change*. URL https:// leaddev.com/process/managing-complex-organizational-change

[71] AKKAYA, Filiz; KLOS, Wolfgang; SCHWÄMMLE, Timm; HAFFKE, Gregor; REUSS, Hans-Christian: Holistic testing strategies for electrified vehicle powertrains in the product development process. In: *EVS30 Electric vehicle Symposium & Exhibition*, 2017

[72] AKKAYA, Filiz; KLOS, Wolfgang; SCHWÄMMLE, Timm; HAFFKE, Gregor; REUSS, Hans-Christian: PST - Powertrain system test: A new test element in a holistic test strategy for hybrid vehicle powertrains within the product development process. In: VDI Wissensforum GmbH (Hrsg.): *ELIV 18. Internationaler Kongress*, 2017

[73] ERNST + CO PRÜFMASCHINEN GMBH: *Palettensysteme*. URL https:/ /www.ernst-gruppe.de/testsysteme/automotive-pruefstaende/paletten system-zur-motorenpruefung/ – Überprüfungsdatum 2023-09-12

[74] PORSCHE AG: *Das Entwicklungszentrum Weissach: Die Denkfabrik von Porsche: Entwickeln und Forschen liegt im Wesen der Marke Porsche. Nicht zufällig lautet der offizielle Name des Unternehmens "Dr. Ing. h.c. F. Porsche AG". Insgesamt arbeiten rund 6.500 Personen im Entwicklungszentrum Weissach daran, dass Porsche immer einen Schritt voraus ist*. Mittwoch, 25. November 2020, 2020

[75] L. BELLAMY, S. PALMER, P. BECK, B. ELLISON, W. GRAUPNER, PH. WILLIAMS, A. NEY, R. OSBORNE: EFFIZIENZ PILOT PROJEKT IN ANTRIEBSSTRANG TEST & ENTWICKLUNG BEI FORD

DUNTON. In: AVL Deutschland GmbH (Hrsg.): *4. Internationales Symposium für Entwicklungsmethodik*, 2011, S. 16–35

[76] MATTHIAS MUELLER, Bogdan Franczyk: *Konzept für ein selbstlernendes Assistenzsystem zur Mensch--Computer-- Interaktion in der Produktentwicklung*. In: *Stuttgarter Symposium für Produktentwicklung SSP 2021*, S. 433–444

[77] J. HOULDCROFT, T. BEATTIE, A. NEIL, S. DUCKER, J. BRISTOW, R. OSBORNE, A. CIRIELLO, M. WILKINS, A. BALCOMBE, A. NEY, W. GRAUPNER: Ganzheitliche Optimierung der Produktivität von Antriebsstrangentwicklung und –test bei Jaguar Land Rover. In: AVL Deutschland GmbH (Hrsg.): *5. Internationales Symposium für Entwicklungsmethodik*. Wiesbaden, 2013, S. 130–147

[78] DR. RICHARD OSBORNE, ANTONIO CIRIELLO, C.MGR., DR. WILHELM GRAUPNER: *SIEBEN WEGE ZUR PRÜFFELD-EFFEKTIVITÄT*. In: *ATZextra* (2014), S. 46–51

[79] REUSS, Hans-Christian: *Agilität braucht Vertrauen*. In: *ATZelektronik* 13 (2018), Nr. 1, S. 74

[80] ENGELHARDT, Tobias: *Derating-Strategien Für Elektrisch Angetriebene Sportwagen*. Wiesbaden: Springer Fachmedien Wiesbaden GmbH, 2017 (Wissenschaftliche Reihe Fahrzeugtechnik Universität Stuttgart Ser)

Anhang

A1. Anhang 1 – Literaturdatenbank (> 300 Quellen) zur Recherche ganzheitlicher Erprobungsstrategien für elektrifizierte Fahrzeugantriebsstränge

■ <u>Recherche zu Leitfrage 1 – Was ist zu erproben?</u>

[LF1 -1] Uhlenbrock, R.; Schugt, M.; Tybel, M.: Absicherung elektrischer Antriebskomponenten in (H)EVs: TESTLÜCKE MIT POWER-HIL SCHLIEßEN. Scienlab electronic systems GmbH. URL http://www.all-electronics.de/absicherung-elektrischer-antriebskomponenten-in-hevs/. – Aktualisierungsdatum: 2016-03-30

[LF1 -2] Jeschke, Sebastian: Grundlegende Untersuchungen von Elektrofahrzeugen im Bezug auf Energieeffizienz und EMV mit einer skalierbaren Power-HiL-Umgebung. Duisburg-Essen, Universität Duisburg-Essen, Elektrotechnik und Informationstechnik. Dissertation. 2016. URL http://www.ets.uni-duisburg-essen.de/download/

[LF1 -3] Pollak, B.; Najork, R.; Küçükay, F.; Jürgens, G.; Fischer, R.: Elektrifizierung des Antriebsstrangs. In: Fischer, Robert; Kücükay, Ferit; Jürgens, Gunter; Pollak, Burkhard (Hrsg.): Das Getriebebuch. 2. überarbeitete Auflage. Wiesbaden: Springer Vieweg, 2016 (Der Fahrzeugantrieb).

[LF1 -4] Prokop, G.: Quality assured parameterization of total vehicle simulation models in handling and ride (HORIBA CONCEPT Conference). Dresden, 26.-27.11.2015

[LF1 -5] Hadler, J.; Lensch-Franzen, C.; Kehrwald, B.; Spicher, U.; Kirsten, K.; Gohl, M.; Guhr, C.: Methoden für die Entwicklung eines RDE-fähigen Antriebs. In: Lenz, Hans Peter (Hrsg.): 36. Internationales Wiener Motorensymposium. Düsseldorf: VDI, 2015 (Fortschritt-Berichte VDI Reihe 12, Verkehrstechnik, Fahrzeugtechnik, 783).

[LF1 -6] Kluin, Matthias: Durchgängige modellbasierte Methoden zur Entwicklung vernetzter Betriebsstrategien für ottomotorische Hybridantriebe. Darmstadt, Technische Universität Darmstadt, Institut für Verbrennungskraftmaschinen und Fahrzeugantriebe. Dissertation. 2015

[LF1 -7] Liebl, J. (Hrsg.); Beidl, C. (Hrsg.): Internationaler Motorenkongress: mit Nutzfahrzeugmotorenspezial: Springer Vieweg, 2015

[LF1 -8] Michels, Karsten: Trends in der Entwicklung von Antriebskomponenten für Elektro- und Hybridfahrzeuge. In: ATZelektronik 10 (2015), Nr. 4, S. 16–19. URL http://dx.doi.org/10.1007/s35658-015-0564-3

[LF1 -9] Proff, Heike (Hrsg.): Entscheidungen beim Übergang in die Elektromobilität: Technische und betriebswirtschaftliche Aspekte. Wiesbaden: Springer Gabler, 2015

[LF1 -10] Tschöke, Helmut (Hrsg.): Die Elektrifizierung des Antriebsstrangs: Basiswissen. Wiesbaden: Springer Vieweg, 2015 (ATZ / MTZ-Fachbuch)

[LF1 -11] Ziegler, Benjamin: Geführte Fehlersuche während der Entwicklung als Unterstützung des Inbetriebnahme Prozesses am Beispiel des neuen PHEV-Antriebstrangs im Panamera mittels Entwurf eines verantwortungsorientierten Systemmodells. Stuttgart, Universität Stuttgart. Diplomarbeit. 2015

[LF1 -12] Aehling, J.; Gatzemann, S.; Müller-Kose, Jan-Peter: ELEKTRIFIZIERT: Erprobung am E-Maschinen-Prüfstand. In: Porsche Engineering: Magazin, 1/2014, 22–27

[LF1 -13] Bertram, Mathias; Bongard, Stefan: Elektromobilität im motorisierten Individualverkehr: Grundlagen, Einflussfaktoren und Wirtschaftlichkeitsvergleich. Wiesbaden: Springer Fachmedien Wiesbaden, 2014

[LF1 -14] Busche, Ingo: Ein Beitrag zur optimierten Konzeptauslegung von Fahrzeugen im Bereich der Elektromobilität. Magdeburg, Universität Magdeburg. Dissertation. 2014

[LF1 -15] Gerstenberg, J.; Wirbeleit, F.; Hartlief, H.; Tafel, S.: Herausforderungen zur Abbildung von hochdynamischen Betriebszuständen von Verbrennungsmotoren am Motorenprüfstand. In: ATZ (Hrsg.): VPC - Virtual Powertrain Creation: Simulation und Test für die Antriebsentwicklung. 16. MTZ-Fachtagung, 2014

[LF1 -16] Jeschke, S.; Maarleveld, M.; Hirsch, H.: Antriebsstrang-Prüfstand für grundlegende Untersuchungen an Elektrofahrzeugen. In: Proff, Heike (Hrsg.): Radikale Innovationen in der Mobilität. Wiesbaden: Springer Fachmedien Wiesbaden, 2014, S. 391–401

[LF1 -17] Mashadi, Behrooz; Crolla, David: Antriebsstrangsysteme in Kraftfahrzeugen. 1. Aufl. Weinheim: Wiley-VCH, 2014

[LF1 -18] Schäfer, Heinz (Hrsg.): Elektrische Antriebstechnologie für Hybrid- und Elektrofahrzeuge: Das kostenoptimale elektrische Antriebssystem, mitentscheidend für den Markterfolg; [Veranstaltung; Themenband] mit 37 Tabellen. -. Renningen: expert-Verl., 2014 (Fachbuch / Haus der Technik 131)

[LF1 -19] Trzesniowski, Michael: Rennwagentechnik: Grundlagen, Konstruktion, Komponenten, Systeme. 4., überarb. und erw. Aufl. Wiesbaden: Springer Vieweg, 2014 (ATZ/MTZ-Fachbuch)

[LF1 -20] Ernstberger, Uwe; Weissinger, Jürgen; Frank, Jürgen: Mercedes-Benz SL: Entwicklung und Technik. Dordrecht: Springer, 2013 (ATZ / MTZ-Typenbuch)

[LF1 -21] Henger, Martin: Zur Betriebsfestigkeit elektrischer Maschinen in Elektro- und Hybridfahrzeugen. Techn. Univ., Diss.-Darmstadt, 2012. Wiesbaden: Springer Vieweg, 2013 (Research)

[LF1 -22] Gnadler, R.: Grundlagen der Fahrzeugtechnik I. Skript. – Karlsruhe. Wintersemester 2012/2013

[LF1 -23] Reif, Konrad: Kraftfahrzeug-Hybridantriebe. Wiesbaden: Vieweg +Teubner Verlag, 2012 (Grundlagen, Komponenten, Systeme, Anwendungen)

[LF1 -24] Rieg, Frank; Steinhilper, Rolf: Elektromechanische Antriebe. In: Rieg, Frank; Steinhilper, Rolf (Hrsg.): Handbuch Konstruktion. München: Hanser, 2012

[LF1 -25] Schäfer, Heinz (Hrsg.): Trends in der elektrischen Antriebstechnologie für Hybrid- und Elektrofahrzeuge: [Veranstaltung "Trends in der Elektrischen Antriebstechnologie für Hybrid- und Elektrofahrzeuge"]. Renningen: expert-Verl., 2012 (Haus der Technik Fachbuch 121)

[LF1 -26] Schenk, M.; Klos, W.; Karthaus, C.; Binz, H.; Bertsche, B.: Effizienzsteigerung bei der Antriebsstrangerprobung durch Einsatz moderner Erprobungsmethoden und Optimierung der Fehleranalyse., Bd. 2169. In: VDI Wissensforum GmbH (Hrsg.): 16. Kongress SIMVEC: Berechnung, Simulation und Erprobung im Fahrzeugbau 2012. Düsseldorf: VDI, 2012 (VDI-Berichte, 2169), S. 429–440

[LF1 -27] Schömann, Sebastian O.: Produktentwicklung in der Automobil-industrie: Managementkonzepte vor dem Hintergrund gewandelter Herausforderungen. Univ., Diss.-Eichstätt-Ingolstadt, 2011. 1. Aufl. Wiesbaden: Gabler Verlag / Springer Fachmedien Wiesbaden GmbH, 2012 (Gabler Research)

[LF1 -28] Stan, Cornel: Alternative Antriebe für Automobile: Hybrid-systeme, Brennstoffzellen, alternative Energieträger. 3. Aufl. 2012. Berlin, Heidelberg: Springer Berlin Heidelberg, 2012

[LF1 -29] Braess, Hans-Hermann; Seiffert, Ulrich: Vieweg Handbuch Kraft-fahrzeugtechnik. 6. Aufl. Wiesbaden: Springer Fachmedien Wiesbaden, 2011 (ATZ / MTZ-Fachbuch)

[LF1 -30] MAHLE GmbH: Kolben und motorische Erprobung. Wiesbaden: Vieweg+Teubner, 2011 (ATZ / MTZ-Fachbuch)

[LF1 -31] Reif, Konrad: Bosch Grundlagen Fahrzeug- und Motorentechnik. Wiesbaden: Vieweg+Teubner Verlag, 2011 (Konventioneller Antrieb, Hybridantriebe, Bremsen, Elektronik)

[LF1 -32] Schenk, M.; Klos, W.; Schwämmle, T.; Müller, M.; Bertsche, B.: Antriebsstrangerprobung bei der Daimler AG: Moderne Erprobungsmethodik. Internationales Symposium für Entwicklungsmethodik. In: AVL Deutschland GmbH (Hrsg.): 4. Internationales Symposium für Entwicklungsmethodik, 2011

[LF1 -33] Schenk, Maximilian: Erstellen von Prüfvorgaben für die PKW Triebstrangdauererprobung unter Verwendung moderner Simulations-methoden: Analyse verschiedener Regelungskonzepte zur Abbildung vonfahrzeugnahem Systemverhalten auf dem Prüfstand. Ulm, Graduate School der Hochschule Ulm, Maschinenbau und Fahrzeugtechnik. Masterarbeit. 2011 – Überprüfungsdatum 2016-03-01

[LF1 -34] Wallentowitz, Henning; Freialdenhoven, Arndt: Strategien zur Elektrifizierung des Antriebsstranges: Technologien, Märkte und Implikationen. 2., überarbeitete Auflage. Wiesbaden: Vieweg+Teubner Verlag / Springer Fachmedien Wiesbaden GmbH Wiesbaden, 2011 (ATZ/ MTZ-Fachbuch)

[LF1 -35] Deptner, R.; Schugt, M.; Eismann, W.: Höchstleistung für E-Motorentest: Testsystem für Invertersteuergerät. In: RealTimes 1 (2010), S. 25

[LF1 -36] Weiler, Benedikt; Kassel, Tobias; Küçükay, Ferit; Deisinger, Rolf; Hertweck, Mario: Repräsentative Erprobung von Nutzfahrzeugen. In: ATZ - Automobiltechnische Zeitschrift 112 (2010), Nr. 9, S. 678–683

[LF1 -37] Kassel, Tobias: Optimale Ganganzahl und Schaltkollektive für Fahrzeuggetriebe. Braunschweig, TU Braunschweig, Institut für Fahrzeug-technik. Dissertation. 2009

[LF1 -38] Wallentowitz, Henning; Freialdenhoven, Arndt; Olschewski, Ingo: Technologietrends Antrieb. In: Wallentowitz, Henning; Freialdenhoven, Arndt; Olschewski, Ingo (Hrsg.): Strategien in der Automobilindustrie. Wiesbaden: Vieweg+Teubner, 2009, S. 152–176

[LF1 -39] Seiffert, Ulrich; Rainer, Gotthard: Virtuelle Produktentstehung für Fahrzeug und Antrieb im Kfz: Prozesse, Komponenten, Beispiele aus der Praxis. Wiesbaden: Springer Fachmedien; Vieweg + Teubner Verlag / GWV Fachverlage GmbH Wiesbaden, 2008

[LF1 -40] Kirchner, Eckhard (Hrsg.): Leistungsübertragung in Fahrzeuggetrieben: Grundlagen der Auslegung, Entwicklung und Validierung von Fahrzeuggetrieben und deren Komponenten. Berlin, Heidelberg: Springer-Verlag Berlin Heidelberg, 2007 (VDI-Buch)

[LF1 -41] Schöggl, Peter; Steinmeier, Carl: Rollenprüfstände als fester Bestandteil derFahrzeugentwicklungskette. In: ATZ - Automobiltechnische Zeitschrift (2002), Nr. 104, S. 686–693

[LF1 -42] Albers, A.; Ott, S.: Antriebssystemtechnik A: Kapitel 2: System Antriebsstrang. Fahrzeugantriebssysteme. Karlsruhe

[LF1 -43] Doppelbauer, M.: Hybride und elektrische Fahrzeuge. Wintersemester 2012/2013

[LF1 -44] Gambier, Odile: 8. HORIBA S Bender (Condept Dresden 2015)

[LF1 -45] Hofmann, Peter (Hrsg.): Hybridfahrzeuge

[LF1 -46] Winkler, Dietmar; Offer, Thomas; Gühmann, Clemens: Prüfstandssimulation – Virtueller Motorenprüfstand

■ <u>Recherche zu Leitfrage 2 – Wann wird erprobt?</u>

[LF2 -1] Ott, M.: Ganzheitliche Integration und Validierung der Antriebselektronik. In: Kongress eCarTec 2012 München.

[LF2 -2] Prokop, G.: Quality assured parameterization of total vehicle simulation models in handling and ride (HORIBA CONCEPT Conference). Dresden, 26.-27.11.2015

[LF2 -3] Albers, A.; Matros, K.; Behrendt, M.; Jetzinger, H.: Das Pull-Prinzip der Validierung: Ein Referenzmodellzur effizienten Integration von Validierungsaktivitäten in den Produktentstehungsprozess. Fachbericht Produktentwicklung. In: Konstruktion (2015), Nr. 6, S. 74–81

[LF2 -4] Andert, Jakob; Huth, Thomas; Savelsberg, Rene; Politsch, Davy: Testen von Antriebssträngen mit der virtuellen Welle. In: ATZextra 20 (2015), Nr. 8, S. 30–35. URL http://dx.doi.org/10.1007/s35778-015-0044-7

[LF2 -5] Hadler, J.; Lensch-Franzen, C.; Kehrwald, B.; Spicher, U.; Kirsten, K.; Gohl, M.; Guhr, C.: Methoden für die Entwicklung eines RDE-fähigen Antriebs. In: Lenz, Hans Peter (Hrsg.): 36. Internationales Wiener Motorensymposium. Düsseldorf: VDI, 2015 (Fortschritt-Berichte VDI Reihe 12, Verkehrstechnik, Fahrzeugtechnik, 783).

[LF2 -6] Meinert, H.; Senger, T.; Wiebking, N.; Diegelmann, C.: Die Plug-in-Hybridtechnologie im neuen BMW X5 eDrive, Bd. 6. In: Elektrifizierung des Antriebs, 2015 (ATZ / MTZ-Fachbuch), S. 8–9

[LF2 -7] Prokop, G.; Bender, S.: Trends in der Fahrzeugentwicklung und ihr Einfluss auf den Prüfstand: Entwicklungsmethodik. In: ATZ – Automobiltechnische Zeitschrift (2015), S. 12–16

[LF2 -8] Wissenschaftliche Gesellschaft für Produktentwicklung WiGeP: WiGeP News 02/2015. In: WiGeP News (2015), Nr. 2

[LF2 -9] Schlichtenmayer, K.-H.: Integrative Strategien und deren Umsetzung in Produktion und Entwicklung von Sportwagen (ISS). Passwort: Porsche2014. – KIT. 2014-04-15

[LF2 -10] Aehling, J.; Gatzemann, S.; Müller-Kose, Jan-Peter: ELEKTRIFIZIERT: Erprobung am E-Maschinen-Prüfstand. In: Porsche Engineering: Magazin, 1/2014, 22–27

[LF2 -11] Busche, Ingo: Ein Beitrag zur optimierten Konzeptauslegung von Fahrzeugen im Bereich der Elektromobilität. Magdeburg, Universität Magdeburg. Dissertation. 2014

[LF2 -12] Dupont, Joël: Analyse der Erprobung hybrider Antriebsstränge mit dem Ziel der Raffung eines Prüfstanddauerlaufs. Aachen, RWTH Aachen, Institut für Kraftfahrzeuge. Diplomarbeit. 2014

[LF2 -13] List, H.: Zukünftige Antriebsentwicklung: Bewältigung kurzer Entwicklungszeiten und hoher Komplexitäten. In: Lenz, Hans Peter (Hrsg.): 35. Internationales Wiener Motorensymposium. Düsseldorf: VDI, 2014 (Fortschritt-Berichte VDI Reihe 12, Verkehrstechnik/Fahrzeugtechnik).

[LF2 -14] Nies, Benedikt Johannes: Nutzungsgerechte Dimensionierung des elektrischen Antriebssystems für Plug-In Hybride. München, Technische Universität Münschen, Lehrstuhl für Produktentwicklung. Dissertation. 2014. URL http://nbn-resolving.de/urn/resolver.pl?urn:nbn:de:bvb:91-diss- 201408 07-1182610-0-3

[LF2 -15] Paulweber, Michael; Lebert, Klaus: Mess- und Prüfstandstechnik: Antriebsstrangentwicklung, Hybridisierung, Elektrifizierung. Wiesbaden: Springer Vieweg, 2014 (Der Fahrzeugantrieb)

[LF2 -16] Schäfer, Heinz (Hrsg.): Elektrische Antriebstechnologie für Hybrid- und Elektrofahrzeuge: Das kostenoptimale elektrische Antriebssystem, mitentscheidend für den Markterfolg; [Veranstaltung; Themenband] mit 37 Tabellen. -. Renningen: expert-Verl., 2014 (Fachbuch / Haus der Technik 131)

[LF2 -17] Weber, J. S.; Fritz, J.; Denger, A.; Maletz, M.; Zingel, C.; Denger, D.: Synergien in der modellbasierten Antriebsstrang- und Testsystem-Entwicklung: Model-Based Systems Engineering in der industriellen Anwendung. In: VDI Wissensforum GmbH (Hrsg.): 17. Kongress SIMVEC: Simulation und Erprobung in der Fahrzeugentwicklung 2014. Berechnung, Prüfstands- und Straßenversuch. Düsseldorf: VDI, 2014 (VDI-Berichte, 2224).

[LF2 -18] Brodbeck, P.; Manheller, P.; Rauner, T.; Spiegel, L.; Combé, Timo: Durchgängige Nutzung von Simulationsmodellen im Entwicklungsprozess von Hybridfahrzeugen – Von der Simulation über Optimierung an denPrüfstand. In: AVL Deutschland GmbH (Hrsg.): 5. Internationales Symposium für Entwicklungsmethodik. Wiesbaden, 2013

[LF2 -19] Fischer, Robert; Grebe, Uwe Dieter; Küpper, Klaus: Der vernetzte Antriebsstrang. In: ATZ agenda 2 (2013), Nr. 1, S. 64–66

[LF2 -20] Karthaus, C.; Schenk, M.; Klos, W.; Binz, H.; Bertsche, B.: Automatisierte Fehlerreaktion und lernfähige Fehleranalyse zur Erhebung von Erprobungswissen auf Antriebstrangprüfständen. In: Fraunhover IAO (Hrsg.): Stuttgarter Symposium für Produktentwicklung SSP 2013. Stuttgart: Fraunhofer Verl., 2013

[LF2 -21] Kleinhans, C.: Automotive OEMs: Beherrschung der Komplexität: Zukunft von Simulation und Test. In: ATZ (Hrsg.): VPC - Virtual Powertrain Creation: Antriebsstrang im Gesamtfahrzeugkontext. 15. MTZ-Fachtagung, 2013

[LF2 -22] Moiszi, A.; Schugt, M.; Tybel, M.: Lücke im V-Modell von E-Antrieben: Durch Parameter-Identifikation geschlossen. In: ATZelektronik (2013)

[LF2 -23] Ott, Martin W.; Bartzsch, Michael; Holtkötter, Christian: Optimierte Entwicklung von alternativen Antriebssystemen. In: ATZextra 18 (2013), Nr. 2, S. 48–53

[LF2 -24] Ott, W.; Holtkötter, C.; Rossegger, W.: Endlich Road to Rig: Durchgängige Entwicklungsmethodik mittels innovativem Prüfstandssystem für die vollimfängliche Validierung von alternativen Antriebssystemen. In: Lenz, Hans Peter (Hrsg.): 34. Internationales Wiener Motorensymposium. Düsseldorf: VDI, 2013 (Fortschritt-Berichte VDI Reihe 12, Verkehrstechnik, Fahrzeugtechnik, 764), S. 384–397

[LF2 -25] Schyr, C.; Hakuli, S.; Schick, B.: Ganzheitliche Fahrzeugbewertung mittels X-in-the-Loop im Entwicklungsprozess am Beispiel Powertrain-in-the-Loop. In: ATZ (Hrsg.): VPC - Virtual Powertrain Creation: Antriebsstrang im Gesamtfahrzeugkontext. 15. MTZ-Fachtagung, 2013

[LF2 -26] Geißel, Oliver: Konzeption einer neuen Entwicklungsplattform für die Automobilindustrie: AMMU Automotive Mixed Mock-Up. Stuttgart, Universität Stuttgart. Dissertation. 2012

[LF2 -27] Hab, Gerhard; Wagner, Reinhard: Projektmanagement in der Automobilindustrie: Effizientes Management von Fahrzeugprojekten entlang der Wertschöpfungskette. 4. Aufl., 2012

[LF2 -28] Merker, Günter P.; Schwarz, Christian; Teichmann, Rüdiger: 18 Der Verbrennungsmotor als Teil des gesamten Antriebsstrangs. In: Merker, Günter P.; Schwarz, Christian; Teichmann, Rüdiger (Hrsg.): Grundlagen Verbrennungsmotoren: Funktionsweise, Simulation, Messtechnik. 5., vollständig überarbeitete, aktualisierte und erweiterte Auflage, 2011. Wiesbaden:

Vieweg+Teubner Verlag / Springer Fachmedien Wiesbaden GmbH Wiesbaden, 2012 (ATZ/MTZ-Fachbuch).

[LF2 -29] Ott, M.; Holtkötter, C.; Stauch, T.: Elektrische Antriebe auf dem Prüfstand: Electric drives put to the test. In: FKFS (Hrsg.): 4. AutoTest Fachkonferenz: Test von Hard- und Software in der Automobilentwicklung, 2012

[LF2 -30] Schneider, Thomas: Methode zur Erstellung von Problemlösungs-modellen auf Basis des SPALTEN-Prozesses in komplexen Entwicklungs-prozessen. Karlsruhe, Universität Karlsruhe, Institut für Produktentwicklung und Konstruktionstechnik (IPEK). Dissertation. 2012

[LF2 -31] Schömann, Sebastian O.: Produktentwicklung in der Automobil-industrie: Managementkonzepte vor dem Hintergrund gewandelter Heraus-forderungen. Univ., Diss.-Eichstätt-Ingolstadt, 2011. 1. Aufl. Wiesbaden: Gabler Verlag / Springer Fachmedien Wiesbaden GmbH, 2012 (Gabler Research)

[LF2 -32] Braess, Hans-Hermann; Seiffert, Ulrich: Vieweg Handbuch Kraftfahrzeugtechnik. 6. Aufl. Wiesbaden: Springer Fachmedien Wiesbaden, 2011 (ATZ / MTZ-Fachbuch)

[LF2 -33] Schenk, M.; Klos, W.; Schwämmle, T.; Müller, M.; Bertsche, B.: Antriebsstrangerprobung bei der Daimler AG: Moderne Erprobungsmethodik. Internationales Symposium für Entwicklungsmethodik. In: AVL Deutschland GmbH (Hrsg.): 4. Internationales Symposium für Entwicklungsmethodik, 2011

[LF2 -34] Schenk, Maximilian: Erstellen von Prüfvorgaben für die PKW Triebstrangdauererprobung unter Verwendung moderner Simulations-methoden: Analyse verschiedener Regelungskonzepte zur Abbildung vonfahrzeugnahem Systemverhalten auf dem Prüfstand. Ulm, Graduate School der Hochschule Ulm, Maschinenbau und Fahrzeugtechnik. Masterarbeit. 2011 – Überprüfungsdatum 2016-03-01

[LF2 -35] Schott, T.; Schnaars, F.: Integration Antriebsstrang. In: ATZextra (2011)

[LF2 -36] Düser, Tobias: X-in-the-Loop: -ein durchgängiges Validierungs-framework für die Fahrzeugentwicklung am Beispiel von Antriebsstrang-funktionen und Fahrerassistenzsystemen. Karlsruhe, Karlsruher Institut für Technologie (KIT), Instut für Produktentwicklung (IPEK). Dissertation. 2010

[LF2 -37] Räse, U.: Nachhaltige Produktentwicklung bei Mercedes-Benz: Werkzeuge zum Controlling von Projektfortschritt und Produktreifegrad. In: Krause, Dieter (Hrsg.): Design for X.: Beiträge zum 21. DfX-Symposium: TuTech Verlag TuTech Innovation GmbH, 2010

[LF2 -38] Reif, Konrad: Konventioneller Antriebsstrang und Hybridantriebe. Wiesbaden: Vieweg+Teubner, 2010

[LF2 -39] Uhlenbrock, Roger; Schugt, Michael; Speckbrock, Thomas: Test des Elektrischen Antriebsstrangs -- Quo Vadis? In: ATZelektronik 5 (2010), Nr. 5, S. 38–42. URL http://dx.doi.org/10.1007/BF03224030

[LF2 -40] Jahn, Mike: Planung, Aufbau und Inbetriebnahme eines Prüfstands für einen elektrischen Antriebsstrang. Bielefeld, FH-Bielefeld. Diplomarbeit. 2009

[LF2 -41] Ungermann, Jochen: Zuverlässigkeitsnachweis und Zuverlässig-keitsentwicklung in der Gesamtfahrzeugerprobung. Zürich, ETH Zürich. Dissertation. 2009

[LF2 -42] Seiffert, Ulrich; Rainer, Gotthard: Virtuelle Produktentstehung für Fahrzeug und Antrieb im Kfz: Prozesse, Komponenten, Beispiele aus der Praxis. Wiesbaden: Springer Fachmedien; Vieweg + Teubner Verlag / GWV Fachverlage GmbH Wiesbaden, 2008

[LF2 -43] Albers, Albert; Müller-Glaser, Klaus; Schyr, Christian; Kühl, Markus: Modellbasierte Antriebsstrangentwicklung: Durchgängige Werk-zeugkette vom Entwurf bis zur Validierung. In: ATZ - Automobiltechnische Zeitschrift 109 (2007), Nr. 2, S. 134–139

[LF2 -44] Böhl, Jens: Effiziente Abstimmung von Automatikgetrieben. Braunschweig, TU Braunschweig, Institut für Fahrzeugtechnik. Dissertation. 2007

[LF2 -45] Müller, Marco: Reifegradbasierte Optimierung von Entwicklungsprozessen: am Beispiel der produktionsbezogenen Produktabsicherung in der Automobilindustrie. Saarbrücken, Universität des Saarlandes, Lehrstuhl für Konstruktionstechnik/CAD. Dissertation. 2007. URL http://scidok.sulb.uni-saarland.de/volltexte/2008/1474/ – Überprüfungsdatum 2015-11-22

[LF2 -46] Albers, A.; Gschweitl, K.; Schyr, C.; Kunzfeld, S.: Methoden und Werkzeuge zur modellbasierten Validierung von Hybridantrieben. In: ATZ - Automobiltechnische Zeitschrift 108 (2006), Nr. 11, S. 980–987

[LF2 -47] Hohenberg, G.; Dein Dias Terra, T.; Schyr, C.; Gschweitl, K.; Christ, C.: Anforderungen an Prüfstände für Hybridfahrzeuge: MTZ-Konferenz Motor 2006. Der Antrieb von morgen (MTZ Konferenz Motor). 2006

[LF2 -48] Krimmel, Horst; Maschmann, Oliver; Seidt, Steffen; Vogt, Dominik: Chancen und Grenzen von HiL-Tests. In: ATZelektronik 1 (2006), Nr. 4, S. 18–25. URL http://dx.doi.org/10.1007/BF03223835

[LF2 -49] Schyr, Christian: Modellbasierte Methoden für die Validierungsphase im Produktentwicklungsprozess mechatronischer Systeme am Beispiel der Antriebsstrangentwicklung. Karlsruhe, Universität Karlsruhe, Institut für Produktentwicklung (IPEK). Dissertation. 2006

[LF2 -50] Albers, A.; Schyr, C.; Krüger, A.; Pfeiffer, M.: Fahrsimulation am Antriebsstrang-Prüfstand. In: VDI-Berichte (2003), Nr. 1745, S. 241–259

[LF2 -51] Scheid, E.; Houben, M.; Schwaderlapp, M.: Der Faktor Zeit in der Motorenentwicklung: Titelthema 25 Jahre FEV. In: MTZ - Motortechnische Zeitschrift 64 (2003), Nr. 10, S. 812–818

[LF2 -52] Lux, Ralph: Ganzheitliche Antriebsstrangentwicklung durch Integration von Simulation und Versuch. Karlsruhe, Universität Karlsruhe, Institut für Maschinenkonstruktionslehre und Kraftfahrzeugbau. Dissertation. 2000

[LF2 -53] Moser, Franz X.; Kriegler, Wolfgang; Zrim, Albert: Antriebsstrangoptimierung mit Hilfe von Simulationswerkzeugen. In: ATZ – Automobiltechnische Zeitschrift 101 (1999), Nr. 11, S. 898–909

[LF2 -54] Rinkens, T.; Kuesters, A.; Maassen, F.; Brueggemann, H.: Mechanikerprobung bleibt notwendig. In: Aachener Kolloquium Fahrzeug- und Motorentechnik GbR (Hrsg.): 24. Aachener Kolloquium 1987 - 2015: bis 1. Aachener Kolloquium 1987, 1987-2015, S. 1045–1067

[LF2 -55] Albers, A.; Ott, S.: Antriebssystemtechnik A: Kapitel 6: Entwicklungsprozess für antriebstechnische Systeme. Fahrzeugantriebssysteme. Karlsruhe

[LF2 -56] Frech, Rolf: Grundsätze der PKW-Entwicklung II

[LF2 -57] Gladysz, B.: Produktentstehung: Entwicklung, Werkstoffkunde, Fertigung. Sommersemester 2014

[LF2 -58] IAV: Elektromobilität auf dem Prüfstand: Von der Batteriezelle bis zum elektrifizierten Antriebsstrang

[LF2 -59] Uhlenbrock, R.; Schugt, M.; Tybel, M.: Absicherung elektrischer Antriebskomponenten in (H)EVs: TESTLÜCKE MIT POWER-HIL SCHLIEßEN. Scienlab electronic systems GmbH. URL http://www.all-electronics.de/absicherung-elektrischer-antriebskomponenten-in-hevs/. Aktualisierungsdatum: 2016-03-30

■ <u>Recherche zu Leitfrage 3 – Wie wird erprobt?</u>

[LF3 -1] FKFS (Hrsg.): 6. AutoTest Fachkonferenz: Test von Hard- und Software in der Automobilentwicklung, 2016

[LF3 -2] Guggenmos, J.; Rückert, J.; Thalmair, S.; Stopper, D.: Das Prüffeld der Antriebsentwicklung im Wandel. In: MTZextra (2016), S. 12–17

[LF3 -3] P. Fietkau, M. Burgbacher, J. Gindele: Triebstrangentwicklung bei Performance-Fahrzeugen. In: VDI Wissensforum GmbH (Hrsg.): 18. Kongress SIMVEC: Simulation und Erprobung in der Fahrzeugentwicklung in der Fahrzeugentwicklung 2016. Berechnung, Prüfstands- und Straßenversuch. Düsseldorf: VDI, 2016 (VDI-Berichte, 2279).

[LF3 -4] Pollak, B.; Najork, R.; Küçükay, F.; Jürgens, G.; Fischer, R.: Elektrifizierung des Antriebsstrangs. In: Fischer, Robert; Kücükay, Ferit; Jürgens, Gunter; Pollak, Burkhard (Hrsg.): Das Getriebebuch. 2. überarbeitete Auflage. Wiesbaden: Springer Vieweg, 2016 (Der Fahrzeugantrieb).

[LF3 -5] Albers, A.; Matros, K.; Behrendt, M.; Jetzinger, H.: Das Pull-Prinzip der Validierung: Ein Referenzmodellzur effizienten Integration von Validierungsaktivitäten in den Produktentstehungsprozess. Fachbericht Produktentwicklung. In: Konstruktion (2015), Nr. 6, S. 74–81

[LF3 -6] Andert, Jakob; Huth, Thomas; Savelsberg, Rene; Politsch, Davy: Testen von Antriebssträngen mit der virtuellen Welle. In: ATZextra 20 (2015), Nr. 8, S. 30–35. URL http://dx.doi.org/10.1007/s35778-015-0044-7

[LF3 -7] Eva Dreyer: Absicherungskonzept für neue Antriebe und Technologien am Beispiel eines Elektrofahrzeuges bei der Porsche AG. Karlsruhe, Karlsruher Institut für Technologie (KIT), Institut für Produktentwicklung (IPEK). Masterarbeit. 2015

[LF3 -8] Fietkau, P.: Getriebe für Performance-Fahrzeuge: Auslegung und Erprobung: Kollektiverstellung Erprobungsprogramm Dauerlaufbewertung. In: Car Training Institute (Hrsg.): 14. Internationales CTI Symposium: Fahrzeuggetriebe, HEV- und EV-Antriebe, 2015

[LF3 -9] Guggenmos, J.; Rückert, J.; Thalmair, S.; Wagner, M.: Das Prüffeld der Antriebsentwicklung im Wandel. In: ATZ (Hrsg.): VPC - Simulation und Test: Methoden der Antriebsentwicklung im Dialog. 17. MTZ-Fachtagung, 2015

[LF3 -10] Hadler, J.; Lensch-Franzen, C.; Kronstedt, M.; Wittemann, M.: Kombination von Simulation und Versuchsführung zur zielgerichteten Antriebsentwicklung: Entwicklungsmethodik. In: ATZ – Automobiltechnische Zeitschrift (2015), S. 18–23

[LF3 -11] Karthaus, Carsten Alexander; Binz, Hansgeorg; Roth, Daniel Jörg: Studie zur Kooperation und zum Informationsaustausch zwischen Konstruktions- und Erprobungsabteilungen. Stuttgart: Inst. für Konstruktionstechn. und Techn. Design Univ. Stuttgart, 2015 (Bericht / Institut für Konstruktionstechnik und Technisches Design, Universität Stuttgart 628)

[LF3 -12] Lensch-Franzen, C.; Kronstedt, M.; Wittemann, M.; Hadler, J.: Einsatz von Simulationstools zur zielgerichteten, effizienten Entwicklung von Motorkomponenten und -funktionen. In: ATZ (Hrsg.): VPC - Simulation und Test: Methoden der Antriebsentwicklung im Dialog. 17. MTZ-Fachtagung, 2015

[LF3 -13] Prokop, G.; Bender, S.: Trends in der Fahrzeugentwicklung und ihr Einfluss auf den Prüfstand: Entwicklungsmethodik. In: ATZ – Automobiltechnische Zeitschrift (2015), S. 12–16

[LF3 -14] Rückert, J.; Hillers, C.; Konrad, H.: Standardversuche – der Schlüssel für einen innovativen Versuchsbetrieb im Antriebsprüffeld. In: AVL Deutschland GmbH (Hrsg.): 6. Internationales Symposium für Entwicklungsmethodik. Wiesbaden, 2015, S. 49–60

[LF3 -15] Wissenschaftliche Gesellschaft für Produktentwicklung WiGeP: WiGeP News 02/2015. In: WiGeP News (2015), Nr. 2

[LF3 -16] Aehling, J.; Gatzemann, S.; Müller-Kose, Jan-Peter: ELEKTRI-FIZIERT: Erprobung am E-Maschinen-Prüfstand. In: Porsche Engineering: Magazin, 1/2014, 22–27

[LF3 -17] Bohn, N.; Abdelfattah, A.: Vom Teilsystem zum Gesamtsystem: Effiziente Simulationmoderner Pkw-Antriebsstränge. In: ATZ (Hrsg.): VPC - Virtual Powertrain Creation: Simulation und Test für die Antriebsentwicklung. 16. MTZ-Fachtagung, 2014

[LF3 -18] Burgard, K.; Krohn, C.; Geisler, J.: Prüfkonzepte für elektrifizierte Antriebe: MESS- UND PRÜFTECHNIK ANTRIEBSSTRANG. 2014

[LF3 -19] Dupont, Joél: Analyse der Erprobung hybrider Antriebsstränge mit dem Ziel der Raffung eines Prüfstanddauerlaufs. Aachen, RWTH Aachen, Institut für Kraftfahrzeuge. Diplomarbeit. 2014

[LF3 -20] Hirtz, Eva-Maria (Hrsg.); Käsgen, Johannes (Hrsg.); Krause, Ivo (Hrsg.); Pleteit, H. (Hrsg.); Eckardt, B. (Hrsg.); Möller, R. (Hrsg.): Auslegungs- und Absicherungsprozess im Fokus der Elektromobilität – Herausforderungen der Betriebsfestigkeit: Erneuerbare Energien – Herausforderungen für die Werkstofftechnik: DVM, Berlin, 2014

[LF3 -21] Schäfer, Heinz (Hrsg.): Elektrische Antriebstechnologie für Hybrid- und Elektrofahrzeuge: Das kostenoptimale elektrische Antriebssystem, mitentscheidend für den Markterfolg; [Veranstaltung; Themenband] mit 37 Tabellen. -. Renningen: expert-Verl., 2014 (Fachbuch / Haus der Technik 131)

[LF3 -22] Stenner, P.; Lienkamp, M.: ERPROBUNGSUMFÄNGE IM PROJEKT VISIO.M: Absicherung. In: ATZ - Automobiltechnische Zeitschrift (2014), ATZ extra Oktober 2014

[LF3 -23] Weber, J. S.; Fritz, J.; Denger, A.; Maletz, M.; Zingel, C.; Denger, D.: Synergien in der modellbasierten Antriebsstrang- und Testsystem-Entwicklung: Model-Based Systems Engineering in der industriellen Anwendung. In: VDI Wissensforum GmbH (Hrsg.): 17. Kongress SIMVEC: Simulation und Erprobung in der Fahrzeugentwicklung 2014. Berechnung, Prüfstands- und Straßenversuch. Düsseldorf: VDI, 2014 (VDI-Berichte, 2224).

[LF3 -24] Brodbeck, P.; Manheller, P.; Rauner, T.; Spiegel, L.; Combé, Timo: Durchgängige Nutzung von Simulationsmodellen im Entwicklungsprozess von Hybridfahrzeugen – Von der Simulation über Optimierung an denPrüfstand. In: AVL Deutschland GmbH (Hrsg.): 5. Internationales Symposium für Entwicklungsmethodik. Wiesbaden, 2013

[LF3 -25] Düser, T.; Balcombe, A.; Weck, T.: Der Rollenprüfstand als flexibles Werkzeug in einer integrierten und offenen Entwicklungsplattform. In: AVL Deutschland GmbH (Hrsg.): 5. Internationales Symposium für Entwicklungsmethodik. Wiesbaden, 2013, S. 81–91

[LF3 -26] Ernstberger, Uwe; Weissinger, Jürgen; Frank, Jürgen: Mercedes-Benz SL: Entwicklung und Technik. Dordrecht: Springer, 2013 (ATZ / MTZ-Typenbuch)

[LF3 -27] Henger, Martin: Zur Betriebsfestigkeit elektrischer Maschinen in Elektro- und Hybridfahrzeugen. Techn. Univ., Diss.-Darmstadt, 2012. Wiesbaden: Springer Vieweg, 2013 (Research)

[LF3 -28] Houldcroft, J.; Beattie, T.; Neil, A.; Ducker, S.; Bristow, J.; Osborne, R.; Ciriello, A.; Wilkins, M.; Balcombe, A.; Ney, A.; Graupner, W.:

Ganzheitliche Optimierung der Produktivität von Antriebsstrangentwicklung und -test bei Jaguar Land Rover. In: AVL Deutschland GmbH (Hrsg.): 5. Internationales Symposium für Entwicklungsmethodik. Wiesbaden, 2013, S. 131–146

[LF3 -29] Karthaus, C.; Schenk, M.; Klos, W.; Binz, H.; Bertsche, B.: Automatisierte Fehlerreaktion und lernfähige Fehleranalyse zur Erhebung von Erprobungswissen auf Antriebstrangprüfständen. In: Fraunhover IAO (Hrsg.): Stuttgarter Symposium für Produktentwicklung SSP 2013. Stuttgart: Fraunhofer Verl., 2013

[LF3 -30] Kovac, Florian: Untersuchung der Auswirkungen einer RFID-gestützten Bauzustandsdokumentation auf die Dokumentationsqualität in der Erprobungsphase: - am Beispiel ausgewählter Baureihen eines Automobilunternehmens. Karlsruhe, Karlsruher Institut für Technologie (KIT). Dissertation. 2013 – Überprüfungsdatum 2015-11-24

[LF3 -31] Ott, W.; Holtkötter, C.; Rossegger, W.: Endlich Road to Rig: Durchgängige Entwicklungsmethodik mittels innovativem Prüfstandssystem für die vollimfängliche Validierung von alternativen Antriebssystemen. In: Lenz, Hans Peter (Hrsg.): 34. Internationales Wiener Motorensymposium. Düsseldorf: VDI, 2013 (Fortschritt-Berichte VDI Reihe 12, Verkehrstechnik, Fahrzeugtechnik, 764), S. 384–397

[LF3 -32] Kasper, S.: 5. Elektrische Fahrantriebe Topologien Und Wirkungsgrad. In: MTZ - Motortechnische Zeitschrift 73 (2012), Nr. 10, S. 802–807

[LF3 -33] Kügler, D.; Kragl, R.: PRÜFTECHNIK ZUR ENTWICKLUNG VON ELEKTROMOBILITÄT BEI BMW-MOTORRAD. In: ATZ – Automobiltechnische Zeitschrift 114 (2012), Nr. 10, S. 784–788

[LF3 -34] Ott, M.; Holtkötter, C.; Stauch, T.: Elektrische Antriebe auf dem Prüfstand: Electric drives put to the test. In: FKFS (Hrsg.): 4. AutoTest Fachkonferenz: Test von Hard- und Software in der Automobilentwicklung, 2012

[LF3 -35] Schenk, M.; Klos, W.; Karthaus, C.; Binz, H.; Bertsche, B.: Effizienzsteigerung bei der Antriebsstrangerprobung durch Einsatz moderner Erprobungsmethoden und Optimierung der Fehleranalyse., Bd. 2169. In: VDI Wissensforum GmbH (Hrsg.): 16. Kongress SIMVEC: Berechnung,

Simulation und Erprobung im Fahrzeugbau 2012. Düsseldorf: VDI, 2012 (VDI-Berichte, 2169), S. 429–440

[LF3 -36] Schneider, Thomas: Methode zur Erstellung von Problemlösungsmodellen auf Basis des SPALTEN-Prozesses in komplexen Entwicklungsprozessen. Karlsruhe, Universität Karlsruhe, Institut für Produktentwicklung und Konstruktionstechnik (IPEK). Dissertation. 2012

[LF3 -37] Braess, Hans-Hermann; Seiffert, Ulrich: Vieweg Handbuch Kraftfahrzeugtechnik. 6. Aufl. Wiesbaden: Springer Fachmedien Wiesbaden, 2011 (ATZ / MTZ-Fachbuch)

[LF3 -38] MAHLE GmbH: Kolben und motorische Erprobung. Wiesbaden: Vieweg+Teubner, 2011 (ATZ / MTZ-Fachbuch)

[LF3 -39] Schenk, M.; Klos, W.; Schwämmle, T.; Müller, M.; Bertsche, B.: Antriebsstrangerprobung bei der Daimler AG: Moderne Erprobungsmethodik. Internationales Symposium für Entwicklungsmethodik. In: AVL Deutschland GmbH (Hrsg.): 4. Internationales Symposium für Entwicklungsmethodik, 2011

[LF3 -40] Schenk, Maximilian: Erstellen von Prüfvorgaben für die PKW Triebstrangdauererprobung unter Verwendung moderner Simulationsmethoden: Analyse verschiedener Regelungskonzepte zur Abbildung vonfahrzeugnahem Systemverhalten auf dem Prüfstand. Ulm, Graduate School der Hochschule Ulm, Maschinenbau und Fahrzeugtechnik. Masterarbeit. 2011 – Überprüfungsdatum 2016-03-01

[LF3 -41] Schott, T.; Schnaars, F.: Integration Antriebsstrang. In: ATZextra (2011)

[LF3 -42] Zöllner, M.: Ausarbeitung eines Konzepts zur Dauer- und Funktionserprobung von Fahrzeugen mit alternativen Antriebssystemen und Bewertung bzgl. der Umsetzbarkeit bei der Dr. Ing. h.c. F. Porsche AG. Aachen, RWTH Aachen, Institut für Kraftfahrzeuge. Diplomarbeit. 2011

[LF3 -43] Singer, Katharina: Das Energie- und umwelttechnische Versuchszentrum der BMW Group. 5/2010. URL www.press.bmwgroup.com – Überprüfungsdatum 2016-05-23

[LF3 -44] Albers, A.: Produktentstehung: am Beispiel integrativer Ansätze. 24.03.2010

[LF3 -45] Räse, U.: Nachhaltige Produktentwicklung bei Mercedes-Benz: Werkzeuge zum Controlling von Projektfortschritt und Produktreifegrad. In: Krause, Dieter (Hrsg.): Design for X.: Beiträge zum 21. DfX-Symposium: TuTech Verlag TuTech Innovation GmbH, 2010

[LF3 -46] Uhlenbrock, Roger; Schugt, Michael; Speckbrock, Thomas: Test des Elektrischen Antriebsstrangs -- Quo Vadis? In: ATZelektronik 5 (2010), Nr. 5, S. 38–42. URL http://dx.doi.org/10.1007/BF03224030

[LF3 -47] Burgard, K.: Auslegung von Prüfständen für elektrische Antriebskomponenten und -systeme. In: Schäfer, Heinz (Hrsg.): Praxis der elektrischen Antriebe für Hybrid- und Elektrofahrzeuge: [Veranstaltung]. Renningen: expert-Verl., 2009 (Haus der Technik Fachbuch, 102).

[LF3 -48] Jahn, Mike: Planung, Aufbau und Inbetriebnahme eines Prüfstands für einen elektrischen Antriebsstrang. Bielefeld, FH-Bielefeld. Diplomarbeit. 2009

[LF3 -49] Kassel, Tobias: Optimale Ganganzahl und Schaltkollektive für Fahrzeuggetriebe. Braunschweig, TU Braunschweig, Institut für Fahrzeugtechnik. Dissertation. 2009

[LF3 -50] Naundorf, D.; Brömlage, O.; Danner, E.: Entwicklungsprüfstand für Elektroantriebe. In: Schäfer, Heinz (Hrsg.): Praxis der elektrischen Antriebe für Hybrid- und Elektrofahrzeuge: [Veranstaltung]. Renningen: expert-Verl., 2009 (Haus der Technik Fachbuch, 102).

[LF3 -51] Ungermann, Jochen: Zuverlässigkeitsnachweis und Zuverlässigkeitsentwicklung in der Gesamtfahrzeugerprobung. Zürich, ETH Zürich. Dissertation. 2009

[LF3 -52] Seiffert, Ulrich; Rainer, Gotthard: Virtuelle Produktentstehung für Fahrzeug und Antrieb im Kfz: Prozesse, Komponenten, Beispiele aus der Praxis. Wiesbaden: Springer Fachmedien; Vieweg + Teubner Verlag / GWV Fachverlage GmbH Wiesbaden, 2008

[LF3 -53] Kassel, Tobias; Küçükay, F.: Anforderungsoptimierung für Getriebe und Komponenten. In: ATZ - Automobiltechnische Zeitschrift 109 (2007), Nr. 09

[LF3 -54] Kirchner, Eckhard (Hrsg.): Leistungsübertragung in Fahrzeuggetrieben: Grundlagen der Auslegung, Entwicklung und Validierung von Fahrzeuggetrieben und deren Komponenten. Berlin, Heidelberg: Springer-Verlag Berlin Heidelberg, 2007 (VDI-Buch)

[LF3 -55] Müller, Marco: Reifegradbasierte Optimierung von Entwicklungsprozessen: am Beispiel der produktionsbezogenen Produktabsicherung in der Automobilindustrie. Saarbrücken, Universität des Saarlandes, Lehrstuhl für Konstruktionstechnik/CAD. Dissertation. 2007. URL http://scidok.sulb.uni-saarland.de/volltexte/2008/1474/ – Überprüfungsdatum 2015-11-22

[LF3 -56] Naunheimer, Harald; Bertsche, Bernd; Lechner, Gisbert; Ryborz, Joachim: Fahrzeuggetriebe: Grundlagen, Auswahl, Auslegung und Konstruktion. 2., bearb. und erw. Aufl. Berlin, Heidelberg: Springer-Verlag, 2007

[LF3 -57] Hohenberg, G.; Dein Dias Terra, T.; Schyr, C.; Gschweitl, K.; Christ, C.: Anforderungen an Prüfstände für Hybridfahrzeuge: MTZ-Konferenz Motor 2006. Der Antrieb von morgen (MTZ Konferenz Motor). 2006

[LF3 -58] Krimmel, Horst; Maschmann, Oliver; Seidt, Steffen; Vogt, Dominik: Chancen und Grenzen von HiL-Tests. In: ATZelektronik 1 (2006), Nr. 4, S. 18–25. URL http://dx.doi.org/10.1007/BF03223835

[LF3 -59] Schyr, Christian: Modellbasierte Methoden für die Validierungsphase im Produktentwicklungsprozess mechatronischer Systeme am Beispiel der Antriebsstrangentwicklung. Karlsruhe, Universität Karlsruhe, Institut für Produktentwicklung (IPEK). Dissertation. 2006

[LF3 -60] Glatz, Michael: Ausarbeitung eines Konzeptes für ein fachübergreifendes Vorgehen bei der Durchführung von Fahrzeugerprobungen, orientiert an zukünftigen Entwicklungsabläufen mit Bewertung von Chancen und Risiken. Diplomarbeit. 2005 – Überprüfungsdatum 2017-05-08

[LF3 -61] Albers, A.; Schyr, C.; Krüger, A.; Pfeiffer, M.: Fahrsimulation am Antriebsstrang-Prüfstand. In: VDI-Berichte (2003), Nr. 1745, S. 241–259

[LF3 -62] Denkmayr, K.; Hick, H.; Sauerwein, U.: Die Load Matrix – Der Schlüssel zum „intelligenten" Dauerlauf. In: MTZ - Motortechnische Zeitschrift 64 (2003), Nr. 11, S. 924–930

[LF3 -63] Fröhlich, Arnulf: Integration des Prüffeldes in die virtuelle Produktentstehung. Darmstadt, Technische Universität Darmstadt. Dissertation. 2003

[LF3 -64] Hagemann, G.; Heins, H.; Kirchner, A.-R.; Ladentin, T.; Noodt, M.: Universelle Prüfumgebung für Untersuchungen des Antriebsstrangs. In: ATZ - Automobiltechnische Zeitschrift 105 (2003), Nr. 2, S. 128–136

[LF3 -65] Heiko Rodríguez Messmer: Erstellung eines universellen fahrzeugbezogenen Gesamterprobungskatalogs für die Versuchsfahrzeuge der Dr. Ing. h.c. F. Porsche AG. Standort Geislingen an der Steige, Fachhochschule Nürtingen, Fachbereich 3, Betriebswirtschaft. Diplomarbeit. 2003

[LF3 -66] Albers, A.; Krüger, A.; Lux, R.; Albrecht, M.: Prüfen von Antriebssträngen am Beispiel des Kupplungsrupfens: Ganzheitliche Antriebsstrangentwicklung. In: ATZ - Automobiltechnische Zeitschrift 103 (2001)

[LF3 -67] Köpf, P.; Brügel, E.: Wandel der Mess- und Versuchstechnik in der Systemkette zwischen OEM und Entwicklungspartnern. In: VDI Wissensforum GmbH (Hrsg.): Mess- und Versuchstechnik im Fahrzeugbau. Düsseldorf: VDI-Verl., 2001 (VDI-Berichte, 1616, CD-ROM).

[LF3 -68] Moser, Franz X.; Kriegler, Wolfgang; Zrim, Albert: Antriebsstrangoptimierung mit Hilfe von Simulationswerkzeugen. In: ATZ – Automobiltechnische Zeitschrift 101 (1999), Nr. 11, S. 898–909

[LF3 -69] Schmitt, L.: Qualitätsmethoden in der Antriebsentwicklung bei BMW. In: ATZ - Automobiltechnische Zeitschrift (1995), S. 634–643

[LF3 -70] Ott, M.: Ganzheitliche Integration und Validierung der Antriebselektronik. In: Kongress eCarTec 2012 München.

[LF3 -71] Frech, Rolf: Grundsätze der PKW-Entwicklung I

[LF3 -72] Frech, Rolf: Grundsätze der PKW-Entwicklung II

[LF3 -73] Gladysz, B.: Produktentstehung: Entwicklung, Werkstoffkunde, Fertigung. Sommersemester 2014

[LF3 -74] IAV: Elektromobilität auf dem Prüfstand: Von der Batteriezelle bis zum elektrifizierten Antriebsstrang

[LF3 -75] Rinkens, T.; Kuesters, A.; Maassen, F.; Brueggemann, H.: Mechanikerprobung bleibt notwendig. In: Aachener Kolloquium Fahrzeug- und Motorentechnik GbR (Hrsg.): 24. Aachener Kolloquium 1987 - 2015: bis 1. Aachener Kolloquium 1987, 1987-2015, S. 1045–1067

■   <u>Recherche zu Leitfrage 4 – Womit wird erprobt?</u>

[LF4 -1] Wipfler, Martin; Pressl, Bernd; Haidinger, Thomas: Virtueller Prüfling zur effizienten Antriebsentwicklung und Funktionsabsicherung. In: MTZextra 26 (2021), S1, S. 30–35

[LF4 -2] D. Nickel, E. Stelter, C. Sültrop, W. Mittmann, T. Heiduczek, H. Hohenner: Innovative Testing Process for Electric Powertrains. In: EVS30 Electric vehicle Symposium & Exhibition, 2017

[LF4 -3] Uhlenbrock, R.; Schugt, M.; Tybel, M.: Absicherung elektrischer Antriebskomponenten in (H)EVs: TESTLÜCKE MIT POWER-HIL SCHLIEßEN. Scienlab electronic systems GmbH. URL http://www.all-electronics.de/absicherung-elektrischer-antriebskomponenten-in-hevs/.   – Aktualisierungsdatum: 2016-03-30

[LF4 -4] Borgeest, Kai: Messtechnik und Prüfstände für Verbrennungs motoren: Messungen am Motor, Abgasanalytik, Prüfstände und Medienversorgung. Aufl. 2016. Wiesbaden: Springer Fachmedien Wiesbaden GmbH, 2016

[LF4 -5] Guggenmos, J.; Rückert, J.; Thalmair, S.; Stopper, D.: Das Prüffeld der Antriebsentwicklung im Wandel. In: MTZextra (2016), S. 12–17

[LF4 -6] Schmidt, Andreas: Modellierung Von Fahrzeugantrieben Anhand Von Messdaten Aus Dem Koppelbetrieb Zwischen Fahrsimulator und Antriebsstrangprüfstand. Wiesbaden: Springer Fachmedien Wiesbaden GmbH, 2016 (Wissenschaftliche Reihe Fahrzeugtechnik Universität Stuttgart Ser)

[LF4 -7] Andert, Jakob; Huth, Thomas; Savelsberg, Rene; Politsch, Davy: Testen von Antriebssträngen mit der virtuellen Welle. In: ATZextra 20 (2015), Nr. 8, S. 30–35. URL http://dx.doi.org/10.1007/s35778-015-0044-7

[LF4 -8] Enderle, Eduard; Hammerer, Horst: Leistungselektronik ohne E-Maschine testen. In: ATZelektronik 10 (2015), Nr. 5, S. 66–71. URL http://dx.doi.org/10.1007/s35658-015-0591-0

[LF4 -9] Guggenmos, J.; Rückert, J.; Thalmair, S.; Wagner, M.: Das Prüffeld der Antriebsentwicklung im Wandel. In: ATZ (Hrsg.): VPC - Simulation und Test: Methoden der Antriebsentwicklung im Dialog. 17. MTZ-Fachtagung, 2015

[LF4 -10] Kluin, Matthias: Durchgängige modellbasierte Methoden zur Entwicklung vernetzter Betriebsstrategien für ottomotorische Hybridantriebe. Darmstadt, Technische Universität Darmstadt, Institut für Verbrennungskraftmaschinen und Fahrzeugantriebe. Dissertation. 2015

[LF4 -11] Lensch-Franzen, C.; Kronstedt, M.; Wittemann, M.; Hadler, J.: Einsatz von Simulationstools zur zielgerichteten, effizienten Entwicklung von Motorkomponenten und -funktionen. In: ATZ (Hrsg.): VPC - Simulation und Test: Methoden der Antriebsentwicklung im Dialog. 17. MTZ-Fachtagung, 2015

[LF4 -12] Rückert, J.; Hillers, C.; Konrad, H.: Standardversuche – der Schlüssel für einen innovativen Versuchsbetrieb im Antriebsprüffeld. In: AVL Deutschland GmbH (Hrsg.): 6. Internationales Symposium für Entwicklungsmethodik. Wiesbaden, 2015, S. 49–60

[LF4 -13] Vázquez, G.; Weck, T.; Kolar, A.; Jones, S.: Multi-XiL as a Central Tool for the Integration, Calibration and Validation of Hybrid Powertrains. In: ATZ (Hrsg.): VPC - Simulation und Test: Methoden der Antriebsentwicklung im Dialog. 17. MTZ-Fachtagung, 2015

[LF4 -14] Vollrath, O.; Uphaus, F.; Pillas, J.: Road to-X: Tools und Methoden in der Fahrbarkeitsentwicklung. In: ATZ (Hrsg.): VPC - Simulation und Test: Methoden der Antriebsentwicklung im Dialog. 17. MTZ-Fachtagung, 2015

[LF4 -15] Walbrun, Simon: Kopplung und Inbetriebnahme eines Motors und Getriebe HiL-Prüfstands zur Untersuchung der Simulationsgüte des HiL-Verbunds auf Eignung zur Absicherung und Abstimmung von Softwarekomponenten. Regensburg, OTH. Masterarbeit. 2015

[LF4 -16] Aehling, J.; Gatzemann, S.; Müller-Kose, Jan-Peter: ELEKTRI-FIZIERT: Erprobung am E-Maschinen-Prüfstand. In: Porsche Engineering: Magazin, 1/2014, 22–27

[LF4 -17] Burgard, K.; Krohn, C.; Geisler, J.: Prüfkonzepte für elektrifizierte Antriebe: MESS- UND PRÜFTECHNIK ANTRIEBSSTRANG. 2014

[LF4 -18] Gerstenberg, J.; Wirbeleit, F.; Hartlief, H.; Tafel, S.: Heraus-forderungen zur Abbildung von hochdynamischen Betriebszuständen von Verbrennungsmotoren am Motorenprüfstand. In: ATZ (Hrsg.): VPC - Virtual Powertrain Creation: Simulation und Test für die Antriebsentwicklung. 16. MTZ-Fachtagung, 2014

[LF4 -19] Hirtz, Eva-Maria (Hrsg.); Käsgen, Johannes (Hrsg.); Krause, Ivo (Hrsg.); Pleteit, H. (Hrsg.); Eckardt, B. (Hrsg.); Möller, R. (Hrsg.): Aus-legungs- und Absicherungsprozess im Fokus der Elektromobilität – Heraus-forderungen der Betriebsfestigkeit: Erneuerbare Energien – Herausforderun-gen für die Werkstofftechnik: DVM, Berlin, 2014

[LF4 -20] Kluin, Matthias; Maschmeyer, Hauke; Beidl, Christian: Ent-wicklungsmethodik für Hybridfahrzeuge mit vernetzter Betriebsstrate. In: ATZextra 19 (2014), Nr. 1, S. 76–81. URL http://dx.doi.org/10.1365/s35778-014-1253-1

[LF4 -21] List, H.: Zukünftige Antriebsentwicklung: Bewältigung kurzer Entwicklungszeiten und hoher Komplexitäten. In: Lenz, Hans Peter (Hrsg.): 35. Internationales Wiener Motorensymposium. Düsseldorf: VDI, 2014 (Fortschritt-Berichte VDI Reihe 12, Verkehrstechnik/Fahrzeugtechnik).

[LF4 -22] List, Helmut: Vom Motor zum Antrieb als Gesamtsystem. In: MTZ - Motortechnische Zeitschrift 75 (2014), Nr. 15, S. 28–33

[LF4 -23] Mashadi, Behrooz; Crolla, David: Antriebsstrangsysteme in Kraftfahrzeugen. 1. Aufl. Weinheim: Wiley-VCH, 2014

[LF4 -24] Paulweber, Michael; Lebert, Klaus: Mess- und Prüfstandstechnik: Antriebsstrangentwicklung, Hybridisierung, Elektrifizierung. Wiesbaden: Springer Vieweg, 2014 (Der Fahrzeugantrieb)

[LF4 -25] Pohlandt, Christian; Geimer, Marcus; Haag, Stefan; Gratzfeld, Peter: Dynamischer Prüfstand für elektrische Antriebssysteme. In: ATZ offhighway (2014), Nr. 2, S. 70–80

[LF4 -26] Rienäcker, A.: Freigabe von komplexen Systemen – Test, Simulation oder beides? In: ATZ (Hrsg.): VPC - Virtual Powertrain Creation: Simulation und Test für die Antriebsentwicklung. 16. MTZ-Fachtagung, 2014, S. 1–15

[LF4 -27] Trzesniowski, Michael: Rennwagentechnik: Grundlagen, Konstruktion, Komponenten, Systeme. 4., überarb. und erw. Aufl. Wiesbaden: Springer Vieweg, 2014 (ATZ/MTZ-Fachbuch)

[LF4 -28] Düser, T.; Balcombe, A.; Weck, T.: Der Rollenprüfstand als flexibles Werkzeug in einer integrierten und offenen Entwicklungsplattform. In: AVL Deutschland GmbH (Hrsg.): 5. Internationales Symposium für Entwicklungsmethodik. Wiesbaden, 2013, S. 81–91

[LF4 -29] Ernstberger, Uwe; Weissinger, Jürgen; Frank, Jürgen: Mercedes-Benz SL: Entwicklung und Technik. Dordrecht: Springer, 2013 (ATZ / MTZ-Typenbuch)

[LF4 -30] Karthaus, C.; Schenk, M.; Klos, W.; Binz, H.; Bertsche, B.: Automatisierte Fehlerreaktion und lernfähige Fehleranalyse zur Erhebung von Erprobungswissen auf Antriebstrangprüfständen. In: Fraunhover IAO (Hrsg.): Stuttgarter Symposium für Produktentwicklung SSP 2013. Stuttgart: Fraunhofer Verl., 2013

[LF4 -31] Moiszi, A.; Schugt, M.; Tybel, M.: Lücke im V-Modell von E-Antrieben: Durch Parameter-Identifikation geschlossen. In: ATZelektronik (2013)

[LF4 -32] Ott, Martin W.; Bartzsch, Michael; Holtkötter, Christian: Optimierte Entwicklung von alternativen Antriebssystemen. In: ATZextra 18 (2013), Nr. 2, S. 48–53

[LF4 -33] Ott, W.; Holtkötter, C.; Rossegger, W.: Endlich Road to Rig: Durchgängige ENtwicklungsmethodik mittels innovativem Prüfstandssystem für die vollimfängliche Validierung von alternativen Antriebssystemen. In: Lenz, Hans Peter (Hrsg.): 34. Internationales Wiener Motorensymposium. Düsseldorf: VDI, 2013 (Fortschritt-Berichte VDI Reihe 12, Verkehrstechnik, Fahrzeugtechnik, 764), S. 384–397

[LF4 -34] Schenk, M.; Karthaus, C.; Behrendt, H.; Klos, W.; Bertsche, B.; Binz, H.: Automatisierte Fehlerreaktion am Antriebstrangprüfstand. In: AVL Deutschland GmbH (Hrsg.): 5. Internationales Symposium für Entwicklungsmethodik. Wiesbaden, 2013

[LF4 -35] Schyr, C.; Hakuli, S.; Schick, B.: Ganzheitliche Fahrzeugbewertung mittels X-in-the-Loop im Entwicklungsprozess am Beispiel Powertrain-in-the-Loop. In: ATZ (Hrsg.): VPC - Virtual Powertrain Creation: Antriebsstrang im Gesamtfahrzeugkontext. 15. MTZ-Fachtagung, 2013

[LF4 -36] Uebener, Stefan; Hammerer, Horst: Virtuelle E-Maschine als Werkzeug in der Entwicklung von Antriebsreglern. In: ATZelektronik 8 (2013), Nr. 3, S. 198–203

[LF4 -37] Bier, Maximilian; Buch, David; Kluin, Matthias; Beidl, Christian: Entwicklung und Optimierung von Hybridantrieben am X-in-the-Loop-Motorenprüfstand. In: MTZ - Motortechnische Zeitschrift 73 (2012), Nr. 3, S. 240–247

[LF4 -38] Düser, T.; Schmidt, C.; Schmidt, U., Pfister, F: Rollenprüfstände für Fahrzeug- und Antriebskonzepte von Morgen. In: ATZ – Automobiltechnische Zeitschrift 114 (2012), Nr. 04, S. 312–317

[LF4 -39] Hammerer, Horst; Strauss, Dieter: E-Maschinen-Emulator Kontra Rotierendem Prüfstand. In: ATZelektronik 7 (2012), Nr. 3, S. 192–197

[LF4 -40] Maiwald, O.: From-Road-To-Rig: Simulationsunterstützte Antriebsstrangentwicklung am Motorprüfstand. In: HANSER (Hrsg.): HANSER automotive: OEM Supplier, 2012.

[LF4 -41] Merker, Günter P.; Schwarz, Christian; Teichmann, Rüdiger: 18 Der Verbrennungsmotor als Teil des gesamten Antriebsstrangs. In: Merker, Günter P.; Schwarz, Christian; Teichmann, Rüdiger (Hrsg.): Grundlagen Verbrennungsmotoren: Funktionsweise, Simulation, Messtechnik. 5., vollständig überarbeitete, aktualisierte und erweiterte Auflage, 2011. Wiesbaden: Vieweg+Teubner Verlag / Springer Fachmedien Wiesbaden GmbH Wiesbaden, 2012 (ATZ/MTZ-Fachbuch).

[LF4 -42] Ott, M.; Holtkötter, C.; Stauch, T.: Elektrische Antriebe auf dem Prüfstand: Electric drives put to the test. In: FKFS (Hrsg.): 4. AutoTest Fachkonferenz: Test von Hard- und Software in der Automobilentwicklung, 2012

[LF4 -43] Schäfer, Heinz (Hrsg.): Trends in der elektrischen Antriebstechnologie für Hybrid- und Elektrofahrzeuge: [Veranstaltung "Trends in der Elektrischen Antriebstechnologie für Hybrid- und Elektrofahrzeuge"]. Renningen: expert-Verl., 2012 (Haus der Technik Fachbuch 121)

[LF4 -44] Schneider, Thomas: Methode zur Erstellung von Problemlösungsmodellen auf Basis des SPALTEN-Prozesses in komplexen Entwicklungsprozessen. Karlsruhe, Universität Karlsruhe, Institut für Produktentwicklung und Konstruktionstechnik (IPEK). Dissertation. 2012

[LF4 -45] Böhm, Michael; Stegmaier, Nicolai; Baumann, Gerd; Reuss, Hans-Christian: Der Neue Antriebsstrang und Hybrid - Prüfstand der Universität Stuttgart. In: MTZ - Motortechnische Zeitschrift 72 (2011), Nr. 9, S. 698–701

[LF4 -46] Braess, Hans-Hermann; Seiffert, Ulrich: Vieweg Handbuch Kraftfahrzeugtechnik. 6. Aufl. Wiesbaden: Springer Fachmedien Wiesbaden, 2011 (ATZ / MTZ-Fachbuch)

[LF4 -47] Köhl, Susanne: Entwicklung Der Hil-Arbeitsweisen Resultierende Anforderungen An Die Hil-Werkzeuge - Ein Überblick. In: ATZelektronik 6 (2011), Nr. 4, S. 64–67. URL http://dx.doi.org/10.1007/s35658-011-0066-x

[LF4 -48] Schenk, Maximilian: Erstellen von Prüfvorgaben für die PKW Triebstrangdauererprobung unter Verwendung moderner Simulationsmethoden: Analyse verschiedener Regelungskonzepte zur Abbildung vonfahrzeugnahem Systemverhalten auf dem Prüfstand. Ulm, Graduate School der Hochschule Ulm, Maschinenbau und Fahrzeugtechnik. Masterarbeit. 2011 – Überprüfungsdatum 2016-03-01

[LF4 -49] Zöllner, M.: Ausarbeitung eines Konzepts zur Dauer- und Funktions-erprobung von Fahrzeugen mit alternativen Antriebssystemen und Bewertung bzgl. der Umsetzbarkeit bei der Dr. Ing. h.c. F. Porsche AG. Aachen, RWTH Aachen, Institut für Kraftfahrzeuge. Diplomarbeit. 2011

[LF4 -50] Singer, Katharina: Das Energie- und umwelttechnische Versuchszentrum der BMW Group. 5/2010. URL www.press.bmwgroup.com – Überprüfungsdatum 2016-05-23

[LF4 -51] Albers, A.: Produktentstehung: am Beispiel integrativer Ansätze. 24.03.2010

[LF4 -52] Beidl, C.; Bier, M.; Kluin, M.: Simulation und Versuchsmethodik in der Entwicklung von Hybridantrieben: Hybrid- und Elektroantriebe für Kraftfahrzeuge. In: VDI Wissensforum GmbH (Hrsg.): 2. VDI Wissensforum Hybrid- und Elektroantriebe für Kraftfahrzeuge, 2010

[LF4 -53] Deptner, R.; Schugt, M.; Eismann, W.: Höchstleistung für E-Motorentest: Testsystem für Inverterscteuergerät. In: RealTimes 1 (2010), S. 25

[LF4 -54] Düser, Tobias: X-in-the-Loop: ein durchgängiges Validierungsframework für die Fahrzeugentwicklung am Beispiel von Antriebsstrangfunktionen und Fahrerassistenzsystemen. Karlsruhe, Karlsruher Institut für Technologie (KIT), Instut für Produktentwicklung (IPEK). Dissertation. 2010

[LF4 -55] Isermann, Rolf: Elektronisches Management motorischer Fahrzeugantriebe: Elektronik, Modellbildung, Regelung und Diagnose für Verbrennungsmotoren, Getriebe und Elektroantriebe. Wiesbaden: Vieweg+

Teubner Verlag / GWV Fachverlage GmbH Wiesbaden, 2010 (ATZ / MTZ-Fachbuch)

[LF4 -56] Reif, Konrad: Konventioneller Antriebsstrang und Hybridantriebe. Wiesbaden: Vieweg+Teubner, 2010

[LF4 -57] Sciolla, M.; Pizzato, A.; Novaro, M.; Ruggiero, A.; Gambarotta, A.: Hardware-in-the-loop Simulation in der Entwicklung von traditionellen und alternativen Antrieben – Ein innovativer und flexibler Ansatz. In: VDI Wissensforum GmbH (Hrsg.): 15. Kongress SIMVEC: Berechnung und Simulation im Fahrzeugbau 2010. Düsseldorf: VDI, 2010 (VDI-Berichte, 2107).

[LF4 -58] Uhlenbrock, Roger; Schugt, Michael; Speckbrock, Thomas: Test des Elektrischen Antriebsstrangs -- Quo Vadis? In: ATZelektronik 5 (2010), Nr. 5, S. 38–42. URL http://dx.doi.org/10.1007/BF03224030

[LF4 -59] Völlmecke, I.: Auf dem Prüfstand: So lässt sich die Zukunft der Elektromobilität schon heute testen. In: Antriebstechnik (2010), Nr. 4

[LF4 -60] Bier, M.; Beidl, C.; Steigerwald, K.; Müller, S.; Kluin, M.: Hybridentwicklung auf dem Motorenprüfstand - ein wichtiger Schritt zu mehr Effizienz im Entwicklungsprozess. In: VDI Wissensforum GmbH (Hrsg.): 14. VDI-Fachtagung: Erprobung und Simulation in der Fahrzeugentwicklung, 2009

[LF4 -61] Burgard, K.: Auslegung von Prüfständen für elektrische Antriebskomponenten und -systeme. In: Schäfer, Heinz (Hrsg.): Praxis der elektrischen Antriebe für Hybrid- und Elektrofahrzeuge: [Veranstaltung]. Renningen: expert-Verl., 2009 (Haus der Technik Fachbuch, 102).

[LF4 -62] Geier, Martin; Stier, Christian; Düser, Tobias; Behrendt, Matthias; Ott, Sascha; Albers, Albert: Simulationsgestützte Methoden IDE und XiL zur Entwicklung von Antriebsstrangkomponenten. In: ATZextra 14 (2009), Nr. 4, S. 48–53. URL http://dx.doi.org/10.1365/s35778-009-0305-4

[LF4 -63] Jahn, Mike: Planung, Aufbau und Inbetriebnahme eines Prüfstands für einen elektrischen Antriebsstrang. Bielefeld, FH-Bielefeld. Diplomarbeit. 2009

[LF4 -64] Kammerer, C.; Schmidt, R.; Hochmann, G.: Der Rollenprüfstand als Entwicklungsplattform: Durchgängige Entwicklungsplattform für Motoren- und Fahrzeugversuch. In: ATZ - Automobiltechnische Zeitschrift 11 (2009), Nr. 11

[LF4 -65] Le Rhun, F.; Pfister, F.; Schyr, C.: Effizientes Testen für mehr Energieeffizienz: Der Rollenprüfstand als mechatronische Entwicklungsplattform. In: ATZ - Automobiltechnische Zeitschrift 111 (2009), Nr. 11, S. 847–852

[LF4 -66] Naundorf, D.; Brömlage, O.; Danner, E.: Entwicklungsprüfstand für Elektroantriebe. In: Schäfer, Heinz (Hrsg.): Praxis der elektrischen Antriebe für Hybrid- und Elektrofahrzeuge: [Veranstaltung]. Renningen: expert-Verl., 2009 (Haus der Technik Fachbuch, 102).

[LF4 -67] Ibendorf, I.; Dally, M.; Hirschmann, K. H.: Elastisch gekoppelte Elektromotoren bilden den Verbrennungsmotorund den Endabtrieb eines Fahrzeuges für Getriebeuntersuchungennach. In: Energietechnische Gesellschaft im VDE (ETG) (Hrsg.): Elektrisch-mechanische Antriebs-systeme: Innovation – Trends – Mechatronik. Vorträge der 3. VDE/VDI-Tagung, 2008

[LF4 -68] Schmidt, M.; Pfeiffer, K.: Was die Rolle nicht kann - Neue Möglichkeiten der Schaltkomfortoptimierung an hochdynamischen Antriebs-strangprüfständen. In: VDI Wissensforum GmbH (Hrsg.): AUTOREG 2008 - Steuerung und Regelung von Fahrzeugen und Motoren. Düsseldorf: VDI-Verl., 2008 (VDI-Berichte, 2009).

[LF4 -69] Albers, Albert; Müller-Glaser, Klaus; Schyr, Christian; Kühl, Markus: Modellbasierte Antriebsstrangentwicklung: Durchgängige Werkzeugkette vom Entwurf bis zur Validierung. In: ATZ - Automobiltechnische Zeitschrift 109 (2007), Nr. 2, S. 134–139

[LF4 -70] Böhl, Jens: Effiziente Abstimmung von Automatikgetrieben. Braunschweig, TU Braunschweig, Institut für Fahrzeugtechnik. Dissertation. 2007

[LF4 -71] Kirchner, Eckhard (Hrsg.): Leistungsübertragung in Fahrzeuggetrieben: Grundlagen der Auslegung, Entwicklung und Validierung von

Fahrzeuggetrieben und deren Komponenten. Berlin, Heidelberg: Springer-Verlag Berlin Heidelberg, 2007 (VDI-Buch)

[LF4 -72] Naundorf, Detlef; Trippner, Ralf: Hybridantriebe auf dem Prüfstand. In: ATZ - Automobiltechnische Zeitschrift 109 (2007), Nr. 9, S. 778–781

[LF4 -73] Albers, A.; Gschweitl, K.; Schyr, C.; Kunzfeld, S.: Methoden und Werkzeuge zur modellbasierten Validierung von Hybridantrieben. In: ATZ - Automobiltechnische Zeitschrift 108 (2006), Nr. 11, S. 980–987

[LF4 -74] Hohenberg, G.; Dein Dias Terra, T.; Schyr, C.; Gschweitl, K.; Christ, C.: Anforderungen an Prüfstände für Hybridfahrzeuge: MTZ-Konferenz Motor 2006. Der Antrieb von morgen (MTZ Konferenz Motor). 2006

[LF4 -75] Krimmel, Horst; Maschmann, Oliver; Seidt, Steffen; Vogt, Dominik: Chancen und Grenzen von HiL-Tests. In: ATZelektronik 1 (2006), Nr. 4, S. 18–25. URL http://dx.doi.org/10.1007/BF03223835

[LF4 -76] Rabenstein, F., Jägerbauer, E., Reisenweber, K.-U., Kirnberger, H.: Effiziente Antriebsentwicklung: Herausforderungen und Lösungsansätze für das Prüffeld der Zukunft. In: ATZ (Hrsg.): VPC - Virtual Powertrain Creation. 10. MTZ-Fachtagung. München, 2006

[LF4 -77] Schyr, Christian: Modellbasierte Methoden für die Validierungsphase im Produktentwicklungsprozess mechatronischer Systeme am Beispiel der Antriebsstrangentwicklung. Karlsruhe, Universität Karlsruhe, Institut für Produktentwicklung (IPEK). Dissertation. 2006

[LF4 -78] Combé, Timo; Kollreider, Alexander; Riel, Andreas; Schyr, Christian: Modellabbildung des Antriebsstrangs: Echtzeitsimulation der Fahrzeuglängsdynamik. In: MTZ - Motortechnische Zeitschrift 66 (2005), Nr. 1, S. 50–56. URL http://dx.doi.org/10.1007/BF03227248

[LF4 -79] Schneiderbeck, H.: Dynamische Motorenprüfung mit einer Permanentmagnet-Synchronmaschine. In: AUTOMOTIVE ENGINEERING PARTNERS (2005), 3/4

[LF4 -80] Albers, Albert; Kühl, Markus; Müller-Glaser, Klaus; Schyr, Christian: Vernetzung von Steuergeräten an Antriebsstrang-Prüfständen. In: ATZ - Automobiltechnische Zeitschrift 106 (2004), Nr. 10, S. 934–941

[LF4 -81] Apold, D.; Moseler, O.; Prystupa, P.; Schiffler, M.: Hardware-in-the-Loop-Prüfstandstechnik: Antriebsstrangprüfstand für Doppelkupplungssysteme. In: ATZ - Automobiltechnische Zeitschrift 106 (2004), Nr. 6, S. 538–545

[LF4 -82] Schmidbauer, Thomas: Aufbau und Erprobung des autarken Hybrid-Antriebsstrangs im Versuchsfahrzeug. München, Technische Universität Münschen, Institut für Maschinentechnik. Dissertation. 2004

[LF4 -83] Albers, A.; Schyr, C.; Krüger, A.; Pfeiffer, M.: Fahrsimulation am Antriebsstrang-Prüfstand. In: VDI Berichte (2003), Nr. 1745, S. 241–259

[LF4 -84] Crampen, M.; Danner, E.; Naundorf, D.; Osbahr, S.: Dynamischer Antriebsstrangprüfstand als universelles Entwicklungswerkzeug. In: ATZ - Automobiltechnische Zeitschrift 105 (2003), Nr. 12, S. 1170. URL 1177

[LF4 -85] Fischer, R.: Powertrain ist mehr als Motor. In: AVL List GmbH (Hrsg.): 15. Internationale AVL Tagung Motor & Umwelt, 2003, S. 11

[LF4 -86] Fröhlich, Arnulf: Integration des Prüffeldes in die virtuelle Produktentstehung. Darmstadt, Technische Universität Darmstadt. Dissertation. 2003

[LF4 -87] Hagemann, G.; Heins, H.; Kirchner, A.-R.; Ladentin, T.; Noodt, M.: Universelle Prüfumgebung für Untersuchungen des Antriebsstrangs. In: ATZ - Automobiltechnische Zeitschrift 105 (2003), Nr. 2, S. 128–136

[LF4 -88] Müller-Kose, Jan-Peter: Repräsentative Lastkollektive für Fahrzeuggetriebe. Braunschweig, TU Braunschweig, Institut für Fahrzeug-technik. Dissertation. 2002 – Überprüfungsdatum 2015-11-27

[LF4 -89] Schöggl, Peter; Steinmeier, Carl: Rollenprüfstände als fester Bestandteil der Fahrzeugentwicklungskette. In: ATZ - Automobiltechnische Zeitschrift (2002), Nr. 104, S. 686–693

[LF4 -90] Albers, A.; Krüger, A.; Lux, R.; Albrecht, M.: Prüfen von Antriebssträngen am Beispiel des Kupplungsrupfens: Ganzheitliche Antriebsstrangentwicklung. In: ATZ - Automobiltechnische Zeitschrift 103 (2001)

[LF4 -91] Albers, A.; Lux, R.: Universalprüfstand für Kfz-Antriebsstränge. In: AUTOMOTIVE ENGINEERING PARTNERS (2001), Nr. 1, S. 26–29

[LF4 -92] Falkenstein, J.; Hirschmann, K. H.: Erzeugung von verbrennungsmotorischen Drehschwingungen mit elastisch gekoppelten elektrischen Antrieben. In: VDI Wissensforum GmbH (Hrsg.): Erzeugung von verbrennungsmotorischen Drehschwingungen mit elastisch gekoppelten elektrischen Antrieben, 2001 (VDI-Berichte, 1630).

[LF4 -93] Köpf, P.; Brügel, E.: Wandel der Mess- und Versuchstechnik in der Systemkette zwischen OEM undEntwicklungspartnern. In: VDI Wissensforum GmbH (Hrsg.): Mess- und Versuchstechnik im Fahrzeugbau. Düsseldorf: VDI-Verl., 2001 (VDI-Berichte, 1616, CD-ROM).

[LF4 -94] Thelen, B.: Der virtuelle Prüfstand im Entwicklungsprozess. In: VDI Wissensforum GmbH (Hrsg.): Mess- und Versuchstechnik im Fahrzeugbau. Düsseldorf: VDI-Verl., 2001 (VDI-Berichte, 1616, CD-ROM).

[LF4 -95] Lux, Ralph: Ganzheitliche Antriebsstrangentwicklung durch Integration von Simulation und Versuch. Karlsruhe, Universität Karlsruhe, Institut für Maschinenkonstruktionslehre und Kraftfahrzeugbau. Dissertation. 2000

[LF4 -96] Moser, Franz X.; Kriegler, Wolfgang; Zrim, Albert: Antriebsstrangoptimierung mit Hilfe von Simulationswerkzeugen. In: ATZ – Automobiltechnische Zeitschrift 101 (1999), Nr. 11, S. 898–909

[LF4 -97] Schmid, I.; Pott, S.; Tomaske, W.: Integration von Echtteilen auf Prüfständen in die Simulation. In: VDI Berichte (1988), Nr. 681

[LF4 -98] Thun, H.-J. von; Pfeiffer, M.: Dynamisches Testen auf einem Allrad-Triebstrangprüfstand. In: VDI Berichte (1988), Nr. 681

[LF4 -99] Zuber-Goss, F.; Zeller, P.: Der dynamische Motorprüfstand - ein neuartiges Hilfsmittel in der Antriebsentwicklung. In: VDI Berichte (1988), Nr. 681

[LF4 -100] Albers, A.; Albrecht, M.; Krüger, A.; Lux, R.: Integration of Simulation and Testing in Power Train Engineering Based on the Example of the Dual Mass Flywheel (testingexpo 2002)

[LF4 -101] Albers, A.; Ott, S.: Antriebssystemtechnik A: Kapitel 6: Entwicklungsprozess für antriebstechnische Systeme. Fahrzeugantriebs-systeme. Karlsruhe

[LF4 -102] Beidl, C.; Bier, M.; Kluin, M.: Entwicklungsumgebung für hybride Antriebsstränge: Durchgängige Methoden für Dimensionierung, Betriebsstrategieentwicklung und Applikation. In: VDI Wissensforum GmbH (Hrsg.): 3. VDI-Forum Hybrid- und Elektroantriebe für Kraftfahrzeuge.

[LF4 -103] Büngener, U.; Bartels, D.: Prüfung von komponenten des elektromotorischen antriebsstrangs

[LF4 -104] Hochschule Heilbronn: Prüfstand für elektrifizierte Antriebe im Kfz. URL https://www.hs-heilbronn.de/4575231/Pruefstand – Überprüfungsdatum 2016-02-18

[LF4 -105] Langner, Frank; Meyer, Jürgen: Herausforderung Hybridantrieb. URL http://www.elektroniknet.de/automotive/tools/artikel/83129/ – Überprüfungsdatum 2016-04-20

[LF4 -106] ATZ: Prüfstand ersetzt Prototyp. Interview mit Leiter Powertrain MBtech Group (Harr, T.) September 2015

[LF4 -107] MBtech Group GmbH & Co. KGaA: MBtech stellt erstmals neuartiges Testverfahren für E-und Hybridantriebe vor

[LF4 -108] Ott, M.: Ganzheitliche Integration und Validierung der Antriebselektronik. In: Kongress eCarTec 2012 München.

[LF4 -109] Vogelsang & Benning Prozeßdatentechnik GmbH: Prüftechnik für Elektromotoren: Testsysteme für Hybridantriebe.

■　Recherche zu Leitfrage 5 – Warum / Wozu wird erprobt?

[LF5 -1] Aral AG: Aral Studie: Trends beim Autokauf 2015. In: Aral Marktforschung (2015)

[LF5 - LF5 -2] Karthaus, C.; Karlsson, Z.; Paland, T.: Applikation auf Antriebsstrangprüfständen. In: AVL Deutschland GmbH (Hrsg.): 6. Internationales Symposium für Entwicklungsmethodik. Wiesbaden, 2015, S. 37–48

[LF5 -3] Albers, Albert; Fischer, Jan; Behrendt, Matthias; Lieske, Dirk: Messung und Interpretation der Wirkkette eines akustischen Phänomens im Antriebsstrang eines Elektrofahrzeugs. In: ATZ - Automobiltechnische Zeitschrift 116 (2014), Nr. 3, S. 68–75

[LF5 -4] Bohn, N.; Abdelfattah, A.: Vom Teilsystem zum Gesamtsystem: Effiziente Simulationmoderner Pkw-Antriebsstränge. In: ATZ (Hrsg.): VPC - Virtual Powertrain Creation: Simulation und Test für die Antriebsentwicklung. 16. MTZ-Fachtagung, 2014

[LF5 -5] Aral AG: Aral Studie: Trends beim Autokauf 2013. In: Aral Marktforschung (2013)

[LF5 -6] Kovac, Florian: Untersuchung der Auswirkungen einer RFID-gestützten Bauzustandsdokumentation auf die Dokumentationsqualität in der Erprobungsphase: - am Beispiel ausgewählter Baureihen eines Automobilunternehmens. Karlsruhe, Karlsruher Institut für Technologie (KIT). Dissertation. 2013 – Überprüfungsdatum 2015-11-24

[LF5 -7] Hab, Gerhard; Wagner, Reinhard: Projektmanagement in der Automobilindustrie: Effizientes Management von Fahrzeugprojekten entlang der Wertschöpfungskette. 4. Aufl., 2012

[LF5 -8] Braess, Hans-Hermann; Seiffert, Ulrich: Vieweg Handbuch Kraftfahrzeugtechnik. 6. Aufl. Wiesbaden: Springer Fachmedien Wiesbaden, 2011 (ATZ / MTZ-Fachbuch)

[LF5 -9] Zöllner, M.: Ausarbeitung eines Konzepts zur Dauer- und Funktionserprobung von Fahrzeugen mit alternativen Antriebssystemen und

Bewertung bzgl. der Umsetzbarkeit bei der Dr. Ing. h.c. F. Porsche AG. Aachen, RWTH Aachen, Institut für Kraftfahrzeuge. Diplomarbeit. 2011

[LF5 -10] Weiler, Benedikt; Kassel, Tobias; Küçükay, Ferit; Deisinger, Rolf; Hertweck, Mario: Repräsentative Erprobung von Nutzfahrzeugen. In: ATZ - Automobiltechnische Zeitschrift 112 (2010), Nr. 9, S. 678–683

[LF5 -11] Ungermann, Jochen: Zuverlässigkeitsnachweis und Zuverlässigkeitsentwicklung in der Gesamtfahrzeugerprobung. Zürich, ETH Zürich. Dissertation. 2009

[LF5 -12] Krehmer, H.; Paetzold, K.: EINE BETRACHTUNG ZUR GANZHEITLICHEN ABSCHÄTZUNG DES PRODUKTREIFEGRADES AUF BASIS DES VERHALTENS. In: Krause, Dieter (Hrsg.): Design for X: Beiträge zum 20. DfX-Symposium: TuTech Verlag TuTech Innovation GmbH, 2008

[LF5 -13] Naunheimer, Harald; Bertsche, Bernd; Lechner, Gisbert; Ryborz, Joachim: Fahrzeuggetriebe: Grundlagen, Auswahl, Auslegung und Konstruktion. 2., bearb. und erw. Aufl. Berlin, Heidelberg: Springer-Verlag, 2007

[LF5 -14] Hagemann, G.; Heins, H.; Kirchner, A.-R.; Ladentin, T.; Noodt, M.: Universelle Prüfumgebung für Untersuchungen des Antriebsstrangs. In: ATZ - Automobiltechnische Zeitschrift 105 (2003), Nr. 2, S. 128–136

[LF5 -15] Heiko Rodríguez Messmer: Erstellung eines universellen fahrzeugbezogenen Gesamterprobungskatalogs für die Versuchsfahrzeuge der Dr. Ing. h.c. F. Porsche AG. Standort Geislingen an der Steige, Fachhochschule Nürtingen, Fachbereich 3, Betriebswirtschaft. Diplomarbeit. 2003

[LF5 -16] Gaus, H.; Weiblen, W.: Einbindung der Meß- und Versuchstechnik in den Entwicklungsablauf. In: VDI Berichte (1999), Nr. 1470

[LF5 -17] Schmitt, L.: Qualitätsmethoden in der Antriebsentwicklung bei BMW. In: ATZ - Automobiltechnische Zeitschrift (1995), S. 634–643

[LF5 -18] Frech, Rolf: Grundsätze der PKW-Entwicklung II

[LF5 -19] IAV: Elektromobilität auf dem Prüfstand: Von der Batteriezelle bis zum elektrifizierten Antriebsstrang

A2. Anhang 2 – Fragebogen zum Erfahrungsbericht der Antriebssystemprüfung (ASP 1.0 und ASP 2.0)

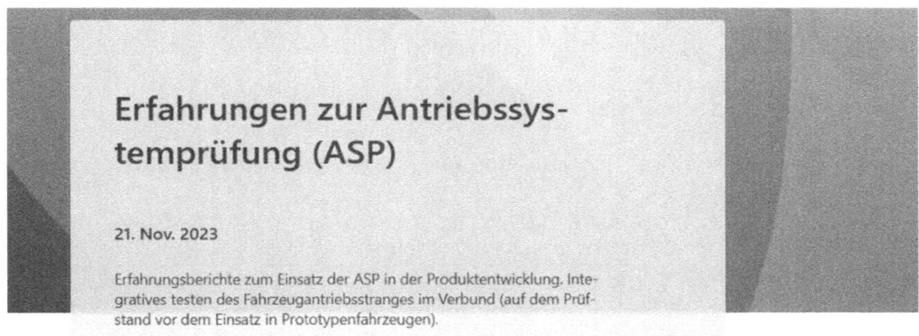

Erfahrungen zur Antriebssystemprüfung (ASP)

* Erforderlich

1. In welchem Bereich arbeitest du? *

◯ Produktentwicklung

◯ Prüffeld

2. An welcher Antriebstopologie wurde die ASP eingesetzt? *

☐ konventioneller Antriebsstrang

☐ hybrider Antriebsstrang

☐ rein elektrischer Antriebsstrang

3. Handelt es sich um das Ersteinsetzer- oder Folgeeinsetzer-Fahrzeugprojekt? *

◯ Ersteinsetzer

◯ Folgeeinsetzer

4. An welchem Ersteinsetzer-Fahrzeugprojekt wurde die ASP eingesetzt? *

Ihre Antwort eingeben

5. Welcher Prüfstandstyp wurde überwiegend für die ASP beim Ersteinsetzer (Fahrzeugprojekt) verwendet? *

⦿ Niederlast Allradprüfstand

◯ Hochdynamischer Allradprüfstand

6. Bitte gebe deine Einschätzung zu folgenden Fragen beim Ersteinsetzer (Fahrzeugprojekt) ab: *

	mäßig	wesentlich	maßgeblich
Wie stark hat die ASP das Frontloading in der Entwicklung unterstützt?	◯	◯	◯
Wie stark hat die ASP die Fehlersuche bei nichtfahrbereiten Prototypenfahrzeugen reduziert?	◯	◯	◯
Wie stark hat die ASP die Dauer der Fahrzeugerstinbetriebnahmen (Prototypenchargen) reduziert?	◯	◯	◯
Wie stark hat die ASP den Reifegrad zur jeweiligen Fahrzeugcharge erhöht?	◯	◯	◯

Wie stark hat die Reduzierung der Erprobungsfahrzeuge die ASP auf dem Prüfstand begünstigt?

○　　　　○　　　　○

Wie stark beeinflusst das Teilemanagement (aktuelle Bauteilhardware, Steuergerätehardware und -software) die ASP Prüfung?

○　　　　○　　　　○

Wie sehr hat die Anzahl der interdisziplinären Teammitglieder der ASP zugenommen?

○　　　　○　　　　○

7. Welche beispielhaften Funktionen konnten in der ASP beim Ersteinsetzer (Fahrzeugprojekt) am Prüfstand appliziert werden? *

Ihre Antwort eingeben

8. Was hat die interdisziplinäre Teamarbeit der ASP beim Ersteinsetzer (Fahrzeugprojekt) maßgeblich unterstützt? *

Phasen- und OTEC-Modell mit klaren Rollen und Verantwortlichkeiten im Team (zwischen Prüfstand und Entwicklung)

effektive Kommunikation über Kollaborationsplattformen (wie z.B. MS Teams)

Managementsupport für integratives testing

Absenden

4. An welchem Folgeeinsetzer-Fahrzeugprojekt wurde die ASP eingesetzt? *

> Ihre Antwort eingeben

5. Welcher Prüfstandstyp wurde überwiegend für die ASP beim Folgeeinsetzer (Fahrzeugprojekt) verwendet? *

◯ Niederlast Allradprüfstand

◯ Hochdynamischer Allradprüfstand

6. Bitte gebe deine Einschätzung zu folgenden Fragen beim Folgeeinsetzer (Fahrzeugprojekt) ab: *

	mäßig	wesentlich	maßgeblich
Wie stark hat die ASP das Frontloading in der Entwicklung unterstützt?	◯	◯	◯
Wie stark hat die ASP die Fehlersuche bei nichtfahrbereiten Prototypenfahrzeugen reduziert?	◯	◯	◯
Wie stark hat die ASP die Dauer der Fahrzeugerstinbetriebnahmen (Prototypenchargen) reduziert?	◯	◯	◯
Wie stark hat die ASP den Reifegrad zur jeweiligen Fahrzeugcharge erhöht?	◯	◯	◯

Wie stark hat die Reduzierung der Erprobungsfahrzeuge die ASP auf dem Prüfstand begünstigt?

○　　　○　　　○

Wie stark beeinflusst das Teilemanagement (aktuelle Bauteilhardware, Steuergeräte hardware und -software) die ASP Prüfung?

○　　　○　　　○

Wie sehr hat die Anzahl der interdisziplinären Teammitglieder der ASP zugenommen?

○　　　○　　　○

7. Welche beispielhaften Funktionen konnten in der ASP beim Folgeeinsetzer (Fahrzeugprojekt) am Prüfstand appliziert werden? *

Ihre Antwort eingeben

8. Was hat die interdisziplinäre Teamarbeit der ASP beim Folgeeinsetzer (Fahrzeugprojekt) maßgeblich unterstützt? *

Phasen- und OTEC-Modell mit klaren Rollen und Verantwortlichkeiten im Team (zwischen Prüfstand und Entwicklung)

effektive Kommunikation über Kollaborationsplattformen (wie z.B. MS Teams)

Managementsupport für integratives testing

Printed by Printforce, the Netherlands